跟着二十四节气过日子

二十四节气

立春 雨水 惊蛰 春分 清明 谷雨 立夏 小满 芒种 夏至 小暑 大暑 立秋 处暑 白露 秋分 寒露 霜降 立冬 小雪 大雪 冬至 小寒 大寒

周墨涵 文甬 编著

农村读物出版社
北京

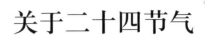

关于二十四节气

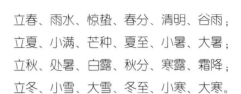

立春、雨水、惊蛰、春分、清明、谷雨；

立夏、小满、芒种、夏至、小暑、大暑；

立秋、处暑、白露、秋分、寒露、霜降；

立冬、小雪、大雪、冬至、小寒、大寒。

二十四个满含诗意的名称，将一年的气候变化划分成了二十四个阶段。这就是二十四节气，中华民族伟大智慧的结晶。

所谓一年，就是指地球围绕太阳公转一圈的时间。因为地球环绕太阳转动的轨道是椭圆形的，因此有近日点和远日点。地球在公转的同时也在像陀螺一样不断地自转，而自转的轴心相对于环绕太阳的轨道而言并非是垂直的，这就使得太阳照射南半球和北半球的强度与角度永远处在变化之中。

天体运行带来的四季变化深刻地影响了在地球上居住的生物的行为模式。尤其对于需要依靠改造自然、运用自然规律才能创造幸福生活的人类来说，只有正确地把握住这种自然变化的规律，才能有效地发展农业、畜牧业，使社会获得足够的产品，让文明延续、发展下去。

我们的先祖将四季气候变化的规律摸清，而节气就是这种变化的刻度。有了节气作为刻度，人们只需知晓当前的节气，就可以有计划、有步骤地依照自然规律进行以农业为主的各种劳作了。

候是对节气进行的补充。每个节气之下各有三候，每候持续五天。也就是说，每个节气持续 15 天，两个节气 30 天，24 个节气正好 360 天。同时，还要在节气之中加入各种闰日来进行修正，以确保其符合太阳变化的规律。

我们的祖先以各种自然现象的出现作为候的标志——这种将自然风物与候相结合的说法，就是物候。一年共有 72 个物候和 24 个节气，足以让人准确地判断季节和天气的变化。

黄道指的是地球环绕太阳公转的轨道。地球绕太阳一圈当然是 360°，然后将这 360° 的黄道，划分成相等的 24 份，就是 24 个节气。每个节气的时段内，地球环绕太阳运行了大概 15° 左右。古人将每年中第一个昼夜等分的日子——春分，定为黄经 0°（也是 360°），将其作为这个圆的起点和终点。若想要确定某一年具体的节气日期，则可以先算出立春的日期，再进一步推算剩下节气。公式如下：

$$[Y \times D + C]（取整）-L$$

其中，Y=公元数后两位（如 2012 年即取 12），常数 D=0.2422，L=该世纪已经经过的闰年数。C 取决于所在世纪，其中 21 世纪 C 值=3.87，22 世纪 C 值=4.15。

不过，因为历法是一个非常复杂的系统，有些时候会因为一些无法预测的事情而产生调整，所以，这个计算公式可能会有失效的时候。

目 录

关于二十四节气

立春

东风吹散梅梢雪

一夜挽回天下春

2月3～5日交节

天气还很寒冷，灰茫茫的天空表明冬天还在统治着世界。但是，这一阵翩然而至的和风，却让我们感到了一种希望。我们似乎看到，在积雪覆盖的地下，沉睡一冬的种子开始渐渐舒展开了蜷缩的身子，冻结的土壤也逐渐吸取着冰雪的融水而恢复了活性；太阳的热力渐渐强了起来，照在身上有了暖意；夜晚被推迟了，我们懒散的身体又开始充满了干劲。是的，有什么宝贵而美丽的东西已经悄然回归。虽然它回来得毫无声息，掩藏于积雪、冰层与变化不定的气温之间，但是我们却在大自然一日日变化的细节间切实地感受到——它的确回来了。

在古代的神话中，因为寒冬到来而一度死亡或离开人间的春神，在这个节气到来的时候又再度回到了人类身边。寂静的大地将因此重获生机，冰冻的土壤溶解、软化，重新具备了孕育生命的能量；沉睡的野兽们将因此再度苏醒，伸展因在巢穴中沉睡而僵硬的身躯，准备再度飞翔奔跑；而枯萎的植物，则会因此而焕发新生，展现出循环不灭的伟大生命力，破土而出。因此，为了迎接整个世界生命力的回归，人们开始欢庆、祈祷，希望以精美的食物、热烈的舞蹈与动情的歌颂来感激春神的归来，为这个刚刚重生的神灵灌注进足够的生命力，为承载着人类一切希望的大地灌注进足够的生命力。

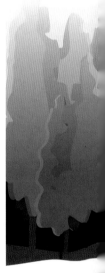

【物候】

"一候东风解冻；二候蛰虫始振；三候鱼陟负冰。"立春一过，东风送暖，大地也开始解冻。蛰居的冬眠动物慢慢在洞中苏醒。河里的冰开始融化，鱼开始到水面上游动。

【农谚】

◇立春一日，百草回芽。　　　　　　◇立春热过劲，转冷雪纷纷。

◇立春一年端，种地早盘算。　　　　◇打春冻人不冻水。

◇立春雨水到，早起晚睡觉。　　　　◇吃了立春饭，一天暖一天。

◇立春雪水化一丈，打得麦子无处放。

【农事】

以修整农田、准备耕作、维护过冬作物为主，应注意加强越冬作物的田间管理，如中耕松土、追施返青肥、防冻保苗等。

【饮食】

咬春

包括吃春盘、吃春饼、吃春卷、嚼萝卜等习俗。咬春的主角，均是湛青碧绿的蔬菜。

【养生】

控制减衣

立春时天气忽冷忽热。因天气转暖，人体腠理在此时变得疏松，对寒邪的抵抗能力减弱，切记不可肆意骤减衣物，所谓"春捂秋冻"。

多吃甘甜

立春时阳气初生，体内积气需要发散到体外，应当食用有助于发散的食物，如大枣、豆豉、葱、香菜、萝卜、花生等。

保护阳气

在春季，人们往往"肝火旺盛"，情绪易向激烈方向波动。要力戒发怒，更忌心怀忧郁。

【民俗】

宜春字画与春帖

唐代立春时常在门上张贴迎春、祝吉等内容的字画。"宜春字"的内容以颂春为要，大多是"春色宜人""春暖花开"等。宜春画，则往往是画着"腊梅傲雪"的图画。进入宋朝之后，宜春字画被春帖取代，人们会将一个大大的"春"或"福"，在立春之日贴在门上。

戴春鸡

每当立春日，母亲就用布缝制一个约3厘米长的公鸡，把它缝在小孩子帽子的顶端或衣服袖子上，表示祝愿"春吉（鸡）"。春鸡如同护身符般，能庇护儿童成长。

吊春穗

每到立春时，村中各家各户就会开始编制布穗——用彩色的线，将各种颜色的布条缠成麦穗的形状，这就是所谓的春穗。将这春穗挂在人或者牲口的身上，就会迎来一整年的风调雨顺和大丰收。

迎春

迎春的目的是把春天之神"句芒"接回人间。句芒神是中国古代传说中的神灵，鸟身人面，居于东方，有着让万物复苏、生命生长的神力。迎春仪式往往表现出一定的狂欢色彩，人们聚集成庆贺队伍，抬着春官游行，浩浩荡荡，十分热闹。人们身着长袍马褂或奇装异服，做些滑稽表演。鼓乐齐鸣，还准备了巨大的春牛塑像等。游春的路线几乎包括整个村镇。随后举行报春仪式，这是一种请求"句芒"神归来的仪式，报春人身着奇装异服，手执红、黄等各色彩旗，在场地上宣报三声，内容多是"风调雨顺""国泰民安"等，一呼百应，颇为壮观。

鞭春牛

又称鞭土牛，即执鞭鞭牛。把土牛打碎，然后由人们争抢"春牛土"，谓之抢春，以抢得牛头为吉利。

雨水

天街小雨润如酥

草色遥看近却无

虽然二月时节人们还穿着毛衣与长袖衣衫，但却已经渐渐感到了些微的温热。春的气息不知不觉已经从地下、从天空、从再度响起的鸟鸣中散布开来，充满了世间。

美丽的春神挥舞起翠绿色的翅膀，让天空降落了雨滴。

凉风吹袭一阵，雨滴便自天空掉落，砸在房屋上、地面上、草木萌发的嫩芽之上、车站熙熙攘攘的人群头上。

"呦！下雨了，春雨！"

这是春雨啊——它的落下，标志着春天，这个公认的最美丽的季节正式到来；它的落下，意味着万亩良田将获得一场丰收。真正热爱生活的人，都因为这场雨而欣喜着，激动着。随着冰凉的雨滴砸出一声声细密的音符，气温变得更凉了。

所有沐浴到春雨的人，都对此充满了希望。他们的身体在微微颤抖，因为这初春的凉意，也因为对新挑战的激动。

的确，雨中的凉风实在有点过于凉爽了，但这场雨一停下，属于春天的暖阳就将普照大地。

2月18~20日交节

【物候】

　　"一候獭祭鱼；二候鸿雁来；三候草木萌动。"河面冰消雪解，过冬的水獭就会随之醒来，开始捕鱼。大雁开始从南方飞回北方。遍地的草木已经展露嫩芽了，大地渐渐开始呈现出一派欣欣向荣的景象。

【农谚】

◇春雨贵如油。

◇七九六十三，路上行人把衣宽。

◇七九八九雨水节，种田老汉不能歇。

◇雨水到来地解冻，化一层来耙一层。

◇麦子洗洗脸，一垄添一碗。

【农事】

　　此时双季早稻育秧已经开始，正是作物需要得到保护的时候。而天气忽冷忽热、乍暖还寒，所以必须做好农作物、大棚蔬菜等的防寒防冻工作，以确保一年的农事有个好的开始。

【饮食】

"龙抬头"

南方为"社日"，北方为"龙抬头"。意指掌管行云布雨的神龙从冬眠中醒来，抬起龙头准备腾飞。百姓们会在二月二龙抬头这天烹制象征龙的食物，借此给予龙神以力量，让它快点起飞、带来雨水。饺子在二月二这天被称作龙耳，面条被称作龙须，春饼被称作龙鳞，馄饨被称作龙眼，米饭被称作龙子，都是为了讨一个好彩头。

【养生】

"春捂"

在我国北方，天气由于同时受到冷热气团影响，变化频繁，常常出现"倒春寒"现象。这时的人们对突发性寒冷的抵御能力和心理准备又都远不及冬天，很容易受到春天的"风邪"影响，所以要"春捂"。"春捂"也不单单指加衣服，更代表一种忍耐、沉稳、平静的生活态度。

预防传染病

随着天气转热，空气中的细菌和病毒都在滋生。所以应注意锻炼身体，保持环境卫生，做好对抗传染病的准备。

注意饮食

雨水节气适合调养、除湿，进一步将身体从冬天的状态调整到较为平衡的春季状态。所以应注重保养脾胃，防风、湿、寒，最好能稍加进补，蜂蜜、大枣、山药、银耳等补品都可以适当食用。

【民俗】

回娘家

人们会在雨水时带着礼物回家探亲，在感谢养育之恩的同时也让父母感受到天伦之乐。老北京人就常说"二月二，接宝贝儿；接不着，掉眼泪儿"。

惊蛰

一声大雷龙蛇起
蚯蚓虾蟆也出来

远古的祖先们对于大自然的认知与观察，要比我们这些生活在都市中的现代人深刻、仔细得多。因此，他们可以发现大自然的种种神奇现象，并以此触发自身的种种想象。虽然现今我们通过各种科学研究，获得了我们祖先无法获得的很多自然知识，但是这并不能成为我们嘲笑祖先对于自然现象淳朴认识的借口。

　　动物一旦进入冬天，便沉寂、消失了。它们潜伏进土里，身体僵硬，没有呼吸，与死亡别无二致；但是在第二年的春天，人们惊奇地发现它们居然又从坟茔里破土而出，如同再生的太阳一般，完全恢复了活力。

　　这些会冬眠的动物，给先民们以巨大的震撼，也令他们发自内心地羡慕。他们仔细地观察这些能够复活的虫与兽，将它们再度苏醒的日子一一记下。他们发现这样一个日子：大多数冬眠的动物都在天空中首次炸响春雷的那天苏醒过来。

3月5～7日交节

18

【物候】

"一候桃始华；二候仓庚鸣；三候鹰化为鸠。"桃树开始萌发花蕾。黄鹂开始活跃求偶。在寒冬中飞翔并在苍天上寻找猎物的鹰隼们，似乎一下子都消失了，取而代之的是成群的斑鸠在树林间聒噪不已。

【农谚】

◇惊蛰节到闻雷声，震醒蛰伏越冬虫。

◇春雷响，万物长。

◇惊蛰春雷响，农夫闲转忙。

◇惊蛰有雨并闪雷，麦积场中如土堆。

◇惊蛰地气通。

◇惊蛰断凌丝。

◇惊蛰地化通，锄麦莫放松。

◇惊蛰不耙地，好像蒸锅跑了气。

◇惊蛰冷，冷半年。

◇过了惊蛰节，春耕不能歇。

【农事】

春耕开始。华北的冬小麦开始返青，但土壤仍有部分尚未解冻，因此必须及时耙地以减少水分蒸发。在长江沿江及江南地区，由于气候回暖较早，小麦已经拔节，油菜也开始开花，这时它们对水、肥均有很高的需求，必须及时追肥，在干旱少雨的地方还应当浇水灌溉。若雨水很充足，防治湿害也是重中之重。惊蛰——虫子被吓醒，初生的幼虫危害最大，一不小心就会造成多种病虫害的发生和蔓延，故应做好防虫工作。田间的杂草也随着生存环境的改善而开始生长，所以病虫害防治和中耕除草必须并重。

【饮食】

炒虫

人们在惊蛰时节，通过饮食表达出消灭害虫的愿望。在山东每逢惊蛰日，农户们就在自家院中支起炉火自制煎饼，希望火炉的烟熏火燎可以将逐渐出现的害虫们消灭。人们还会先把黄豆放在盐水里泡一阵子，然后再放在锅中爆炒，让其发出"噼噼啪啪"的脆响，假想这就是害虫的灵魂在锅中被烤灼而蹦跳不止的声音。

吃梨

惊蛰日吃梨，意为远离害虫。

【养生】

预防疾病

惊蛰过后，各种昆虫、爬虫复苏，各种病毒和细菌也开始活跃起来。诸如流感、流脑、水痘、带状疱疹、流行性出血热等流行病都容易在这一节气流行暴发，故应注意强冷空气活动的预兆，留心冷暖变化，预防感冒着凉等季节性疾病。

调整饮食

惊蛰时节，肝阳之气上升，阴血则逐渐不足，因而需要调理。在饮食方面，应顺肝之性，助益脾气，方可让五脏和平。宜多吃清淡食物，少食动物脂肪类食物，可以多吃梨子、菠菜、苦瓜等。

平稳心态

气温回升，保养不当则肝火易旺。在这个节气不可乱发脾气，也不能一意孤行。应保持冷静的心情和平稳的心态。

【民俗】

祭白虎

每年的惊蛰时节，就是白虎神出来觅食的时刻。白虎神是会吃人的凶神，一旦冒犯了它，则在这年之内必定要常常遭遇小人的种种暗算，影响自己大好的前程。大家为了避免这等厄运，便在惊蛰那天祭祀白虎神。人们用纸绘制白老虎，描绘上黑斑纹，再在口角画一对獠牙。拜祭时，需以肥猪血供奉，希望它吃饱后心满意足，不再伤人；继而再以生猪肉抹在纸老虎的嘴上，使之充满油水，不会张口说人是非。

"打小人"

每逢惊蛰之日，人们会手持清香、艾草等驱虫植物，点火熏烤家中四角，以驱赶蛇、虫、蚊、鼠和因为雨水增多而出现的霉菌。随着生活环境逐渐演变和社会经济的发展，仪式驱逐的对象也就从烦人的虫豸，变成了更加可恶的东西——小人。妇人坐在庭院中，不断用木拖鞋拍打小纸人，同时口中念念有词："打你个小人头……"用意为驱赶身边的恶灵、邪祟与霉运。

春分

天将小雨交春半
谁见枝头花历乱

在一年中只有两次，地轴会在不断的摇摆中竖直，与黄道轨迹形成完美的垂直关系。在那时，昼与夜将在全世界等分，冷与热达到均衡。这带给全球以公平的日子，首先出现于春季，那一天被定名为春分。在那一天之后，光明的白昼将压过黑暗。在越发明媚的春光之中，我们将冬季懒惰的余韵彻底甩掉，向前奔去，投入越发火热的劳动之中。春分节气的乡间，四下漫步之际就会发现，无论哪里都是一派春耕繁忙的景象。春分时节农事繁多，农村里几乎找不到一个闲人。这农时，是谁也耽误不起的。这时节，春回大地，万物复苏，小草纷纷探出青青的嫩芽，一派令人欣悦的新绿也由地面蔓延上了枝头，柳树也已经长出了翠绿的细叶。此外，娇艳欲滴的桃花、浪漫可人的迎春花、绿油油的蔬菜、葱心绿的麦田，都让人的心情雀跃欢喜。

是的，这一日的世界，正展现出最为端正俊朗的堂堂相貌，令人们感到美与希望。

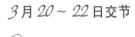

3月20~22日交节

【物候】

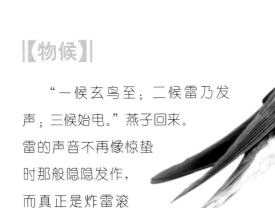

"一候玄鸟至；二候雷乃发声；三候始电。"燕子回来。雷的声音不再像惊蛰时那般隐隐发作，而真正是炸雷滚动。闪电也会在雷雨天气时出现。

【农谚】

◇吃了春分饭，一天长一线。

◇春分有雨到清明，清明下雨无路行。

◇春分阴雨天，春季雨不歇。

◇春分降雪春播寒。

◇春分无雨划耕田。

◇春分有雨是丰年。

◇春分不暖，秋分不凉。

◇春分不冷清明冷。

◇春分前冷，春分后暖；春分前暖，春分后冷。

◇春分西风多阴雨。

◇春分刮大风，刮到四月中。

◇春分大风夏至雨。

◇春分南风，先雨后旱。

◇春分早报西南风，台风虫害有一宗。

◇春分前后怕春霜，一见春霜麦苗伤。

◇春分有雨家家忙，先种瓜豆后插秧。

◇春分甲子雨绵绵，夏至甲子火烧天。

◇春分种菜，大暑摘瓜。

◇春分早，立夏迟，清明种田正当时。

◇春分一到昼夜平，耕田保墒要先行。

【农事】

抓紧春灌，浇拔节水，施拔节肥，春耕大忙。

【饮食】

吃春菜

在春分时食用时蔬，有一种祝福的色彩。在南方，狭义的春菜专指野苋菜。春分时收集野苋菜，配以鱼片做成汤。北方吃的"春菜"则一说为莴苣，或是与莴苣类似的蔬菜。也有人认为，春时各种蔬菜都可称为"春菜"。

黏雀子嘴

春分时，人们会凑在一起吃些汤圆，同时把一些没有馅的汤圆在煮好后插在细竹棍上，再立于田间地头。本意是希望麻雀等吃了汤圆被黏住嘴，无法继续糟蹋庄稼。

【养生】

调整情绪

春季人体的活性较强，血液和激素等都处在较为活跃的高峰期，本身就容易让人产生一些突发性疾病，再加上气候随时可能发生变化，一旦调理不当，就容易诱发高血压、心脏病等急症或月经失调、眩晕、失眠等慢性病。因此春分时应注意尽量避免大喜大悲，以轻松愉快而乐观的精神状态生活。

起居有常

春分时昼夜温差依然较大，天气渐暖、雨水渐多。要注意稍稍增加睡眠和多做运动，从立春时较为亢奋的状态转向平衡。

规避风邪

春季主气为风，"风为百病之长"，最应注意的就是风邪。春天还是各种过敏的高发期，尤其是花粉过敏和紫外线过敏，需要小心应对。

阳虚体弱的人容易受到环境影响，会出现腹痛腹泻的症状。或是罹患感冒、流涕、着凉等。应注意避免受风，多吃暖性食物，如姜、鸡汤等。

【民俗】

竖蛋

选择一个刚生下四五天的、内部呈上轻下沉的新鲜鸡蛋，想办法在桌子上把它竖起来，竖起蛋的人能得到好运。

放风筝

春分期间，春风扑面，阳光和煦，正是放风筝的大好时机。风筝一般是竹子骨，大的风筝有两米来高，小的则在 60 厘米左右，外形多是王字、动物、八卦等。潍坊一带的风筝节更是驰名中外。

扫墓、春祭和拜神

在扫墓时，往往要将大批族人聚集起来，仪式内容包括杀牲献祭、念祭文、行礼等，还要安排或聘请专人员责吹打鼓乐。如果祭祀的是远祖甚至基祖，那么更是全族乃至全村都要参加。远祖的祭祀完成后，就由各家族祭扫各自的祖先坟墓，最后才是祭扫各家私墓。在周代，春分这天要举行祭日仪式。到了后来，大凡世家士族亦都在这一天致祭宗祠祖先。受到气候变化的影响，很多神明的"生日"都在春天。著名的有农历二月十五的开漳圣王诞辰、农历二月十九的观世音菩萨诞辰、南方农历二月二十五的三山国王祭日等。

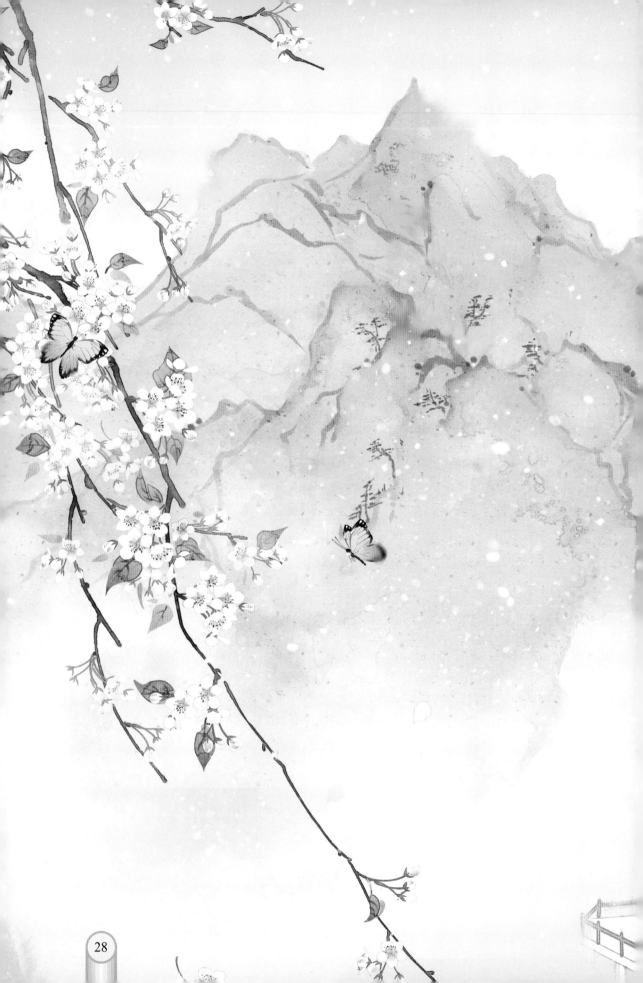

清明

春城无处不飞花
寒食东风御柳斜

明媚的太阳光照耀着生机盎然的碧绿大地，和煦凉爽的清风吹拂着欣欣向荣的嫩芽与庄稼。林间的雀鸟回来了，润物的雨滴回来了，蛰伏一冬的百虫百兽回来了。又是一年的新生，又是一年的奋斗，世间的一切都似往昔，别无二致。

可是，无论纷纷洒洒的春雨如何浸润大地，无论阳光多么温暖、清风多么怡人，无论田野林间绽放的花蕾与嫩绿的枝桠有多么美丽，有些人，却再也不会回来。即使蛙、蛇、熊及其他一切会在冬季长眠的灵兽，都已经明确无误地再度回归大地，但有些人却再也不会回来。

就如同天际纷纷落下的雨滴不会再逆飞回天上，就如同滚滚流淌的江水不会再逆流回源头，日升日落，一日过去，永不再回还。

人类知道了逝者不复的真理。于是，人们只得在美丽的令人心碎的美景中，在连绵的令人断魂的细雨里，去清扫逝去者的坟墓，在这万物新生的时节哀悼逝去的生命与时光。不过，在年复一年的遗忘与追忆中，我们领悟了另一个真理，一个让我们在清冷的细雨之中感受到一丝发自心底的温暖的真理。我们逐渐看到、感到以至于深信——逝去的一切都并未远离，他们已经化作这清明的春，再度伴随在我们身边。

【物候】

"一候桐始华；二候田鼠化为鴽；三候虹始见。"桐花开放。田鼠的活动逐渐寂静下来，而鴽开始活跃。天空中有可能出现雨后的彩虹。

【农谚】

◇雨打清明前，春雨定频繁。

◇清明难得晴，谷雨难得阴。

◇雨打清明前，洼地好种田。

◇清明雨星星，一棵高粱打一升。

◇清明无雨旱黄梅，清明有雨水黄梅。

◇麦怕清明霜，谷要秋来早。

◇清明有霜梅雨少。

◇清明有雾，夏秋有雨。

◇清明雾浓，一日天晴。

◇清明响雷头个梅。

◇清明冷，好年景。

◇清明暖，寒露寒。

◇清明南风，夏水较多；清明北风，夏水较少。

◇清明一吹西北风，当年天旱黄风多。

◇清明北风十天寒，春霜结束在眼前。

◇清明刮动土，要刮四十五。

◇春分早，立夏迟，清明种田正当时。

【农事】

"清明前后，种瓜种豆"，大江南北，长城内外，到处是一片繁忙的春耕景象。

"清明时节，麦长三节"，黄淮以南地区的小麦马上就要孕穗，油菜已经进入了盛花期，东北、西北地区的小麦也纷纷都开始拔节，最重要的是搞好后期的肥水管理、病虫害防治等工作。

"梨花风起正清明"，很多种果树都进入了花期，应注意搞好人工辅助授粉，以便提高坐果率。

"明前茶，两片芽"，清明时正是茶树的新芽抽长旺盛的时期，应注意防治病虫害，陆续安排开采工作。

【饮食】

青团子

在江南地区，人们在给祖先上坟、祭祀的时候，会准备青团子。青团子通体碧绿，望之犹如清明时节的树叶与草地。这青色，来自于一种江南地区独有的野生植物——"浆麦草"。将这种植物的汁液榨取出来，将其与糯米粉搅拌均匀，即可制成青团子。在青团子蒸熟之后，还需要在表面刷上一层熟菜油以增加光泽。

清明螺

螺蛳在清明时节正处于摄取了足够营养、却还未开始繁殖的时候，因而肉质最为肥美可口，有"清明螺，抵只鹅"的俗语。

馓子

在北方，清明节的供桌上往往要准备馓子。这是一种特有的清真食品，来源于寒食节吃寒食的风俗。

摊黄儿

在山西的西北部地区有名为"摊黄儿"的面食，是为了祭祖所做。用黍米磨成面粉制作成大饼。山西南部祭祖所用的食物则叫作"子福"，是一种夹着核桃、红枣、豆子蒸出来的大馍，有祈祷子孙繁衍的意味。

【养生】

起居

在清明时节，肝炎旺盛，容易导致高血压的发作。应该保持乐观的心情，经常到森林、河边散步，多呼吸新鲜空气。

饮食

清明节气阳气大盛，万物已经澎湃萌发。此时不宜再食用如笋、鸡这样的"发物"，应多食些柔肝养肺的食品，如荠菜、菠菜、山药等疏通血脉、润肺滋阴的食物。

【民俗】

寒食

在寒食节这一天，人们不动烟火，只吃寒食，以此永远铭记那位忠孝无双、耿直不屈的英灵——介子推。

扫墓

唐玄宗时，朝廷颁布政令，将民间扫墓的时间规定在了寒食节，并确立为"祀祖节"。然而由于寒食与清明在时间上的紧密关系，寒食节俗又与清明节俗暗暗相合，最终扫墓自寒食顺延到了清明。故而有了"清明细雨催人哀，漠漠坟头野花开，手端祭品肩扛锹，都为先坟上土来"的民谣。扫墓时，人们先将坟头的杂草去除，再铲上一些新土盖在坟头之上并且拍实，以此整修阴宅，让祖先安居。

出游

自唐宋开始，寒食与清明就是官方规定的节假日，人们会于这一天踏青休闲。

【禁忌】

忌补肝

清明养生要注意不可补肝。因为春天是肝脏旺盛的时节，如若再度进补会导致肝火太盛，损害其他脏器。

谷雨

壶中春色自不老

小白浅红蒙短墙

　　春季是最美的季节，这个概念已深深地烙印在了人们的心底。但，春季的美究竟美在何处？仅仅是因为阳光驱散了寒冷，花朵映红了大地？仅仅是因为溪水流淌出美妙的旋律，而鸟兽发出动听的鸣叫？不，不仅仅如此。春季的美，有着更深刻、更直白的意义。

　　在中国远古的神话中，司掌春季的乃是一位绝美的、生有碧绿色羽翼的神灵。她的名字叫作"句芒"。所谓句芒，就是指植物萌发时那幼嫩卷曲的嫩芽。这位以嫩芽为象征的句芒神也是生命之神，有着赋予万物生命的神力。

　　是的，春季之美，是生命之美。生命之美，在于其生长与变化。

　　明媚的太阳已经占领了天空，阴冷的寒意彻底退缩到遥远的北极。这世间，再一次普照光明。庆祝吧，欢腾吧，渴望阳光的万物。百花就此绽放，鸟兽就此齐鸣；温和的空气、柔和的微风伴随着花香鸟语充盈在天地之间。而春的化身句芒神，也施展出自己的神力，为这欢快的美景而庆贺——阵阵甘霖自天空中洒落下来。大地上的生命啊，你们在此刻是受到祝福的，因为天地在此刻赐予了你们最美好的一切。这清爽滋润的雨滴，掉落于地面，就会化作茁壮饱满的谷物滋养新生的生命，让这些生命变得更强健、更坚韧，以至于能够经受住即将到来的火热的考验，成长为顶天立地的栋梁。

　　因为春天就此已经结束，火热的盛夏即将来临了。

【物候】

"一候萍始生；二候鸣鸠拂其羽；三候戴降于桑。"水温已经足够温暖，在阳光的照射下，碧绿的浮萍开始浮现于水面。人们经常可以看见斑鸠鸟在田间树上鸣叫并不停地用嘴梳理自己的羽毛。谷雨时节桑树生长旺盛，时常可以看见戴胜鸟在桑树丛中飞来飞去。鸟语花香一齐具备，真个是暮春美景。

【农谚】

◇谷雨阴沉沉，立夏雨淋淋。　　　　◇谷雨有雨好种棉。

◇谷雨下雨，四十五日无干土。　　　◇谷雨有雨棉花肥。

◇谷雨麦挑旗，立夏麦头齐。　　　　◇谷雨前后栽地瓜，最好不要过立夏。

◇谷雨麦怀胎，立夏长胡须。　　　　◇谷雨栽上红薯秧，一棵能收一大筐。

【农事】

谷雨时田中秧苗、作物都已插种下了一段时间，开始扎根猛长，因而更加需要雨水的滋润。华北地区这时的雨量大多不到30毫米，需要采取一定的灌溉措施才能减轻干旱影响。

谷雨时气温偏高，阴雨频繁，三麦病虫害发生和流行的可能性较大。要据天气变化，搞好三麦病虫害防治。

【饮食】

糊塌子

谷雨时，天气一般较暖，雨量也较以前增加，正好能收获瓜豆。瓜与豆都是京畿大地的重要农作物，而西葫芦便是瓜中的一种。有一种用西葫芦做的食物可谓众人皆知，那就是糊塌子。

【养生】

起居养生

谷雨是一个衔接着春和夏的节气。天气由温暖变得炎热，出现温差大（中午高而早晚低）的现象，切不可一味贪凉或是在大汗后吹风。

精神养生

注意忌怒忌虑，保持心情愉快，以护肝为要。

饮食养生

注重对肝脏的养护与调理，要注意平衡阴阳，早睡早起是最重要的。饮食上，要多摄入一些微甜、清淡的食物，菠菜、韭菜等绿色蔬菜则是养肝的好东西。

【民俗】

上巳节

在西北地区，旧时人们将谷雨时的河水称为"桃花水"，传说以它洗浴可消灾避祸，洗去身体与灵魂上的污浊，除去周身的不祥与晦气。人们还会举行射猎、跳舞等活动庆祝。

祭海

谷雨时节，海水渐渐回温，各种鱼群都聚集到了浅海，正是下海捕鱼的最佳时机——"骑着谷雨上网场"。在沿海地区这时会频发暴风骤雨。渔民们在谷雨当天进行海祭，祈祷海神庇护自己避开风雨、满载而归。在"壮行节"仪式过程中，渔民们抬着贡品，敲锣打鼓，燃鞭点香，场面十分隆重。

禁蝎

山西临汾一带，则有谷雨日画"张天师符"贴在门上的习俗，名曰"禁蝎"。咒符上往往印有"谷雨三月中，蝎子逞威风。神鸡叼一嘴，毒虫化为水"的咒语。符中央刻着雄鸡衔虫，爪下还抓着一只大蝎子，雄鸡上方为咒符。有些地方则要"禁五毒"：蝎子、蜈蚣、蛇、蟾蜍、壁虎，表现出远离毒虫、迎来丰收安宁的心愿。

走谷雨

青年男女往往在谷雨时走村串亲戚。

谷雨茶

有些地区有谷雨当天采茶的习俗，这时的茶不仅清热下火，而且有辟邪明目等奇效。

吃香椿

谷雨前后香椿上市，正适合拿来和鸡蛋一起炒制。

牡丹花会

谷雨前后正是牡丹花开的重要时段，故牡丹也被称为"谷雨花"。赏牡丹，自然要提到闻名中外的牡丹花会。国内较大的牡丹花会共有三处，历史最久也最为著名的是洛阳牡丹花会。

立夏

残红一片无寻处
分付年华与蜜房

太阳，永远都是众神中最美丽、最耀眼的存在，因为带给大地光与热的太阳，正是一切生命的前提。高高在上的太阳的光辉，是人类最先感受到其神圣、最先开始敬拜的事物。

太阳的形象在中国神话中被抽象化了，化作了五位伟大的帝王。

依照中国古老的神话思维，这五位帝王分别掌管四方与中央。除却端坐中央、象征永恒太阳的黄帝外，地位最为神圣的，就当数位于南方、代表夏季太阳的炎帝。夏季，是光明与繁荣的象征，更是太阳最为夺目耀眼的季节。伟大的炎帝以及火神祝融在光明普照的南方世界执掌着夏季的万事万物。他们展现神力的时候，大地之上将进入最具活力、最为强健、最生机勃勃的时节——夏季。夏，华夏的夏——这个字包含的是神州大地花团锦簇的华丽，是烈日当空普照万物的威仪，是生命迅猛生长的活力，是雷暴骤雨的气势，也是世间万物常长常新、不腐不朽的生机与创造力……

立夏日已到，万物臣服于太阳之光。

【物候】

"一候蝼蝈鸣；二候蚯蚓出；三候王瓜生。"蝈蝈等鸣虫开始嘶叫，准备交配；一直潜伏在地下的蚯蚓开始活跃；一种葫芦科多年生草质藤本植物王瓜，开始生长起来。

【农谚】

◇立夏不下，小满不满，芒种不管。

◇立夏雨少，立冬雪好。

◇立夏落雨，谷米如雨。

◇立夏小满田水满，芒种夏至火烧天。

◇立夏下雨，九场大水。

◇立夏晴，雨淋淋。

◇立夏雷，六月旱。

◇立夏日鸣雷，早稻害虫多。

◇立夏不热，五谷不结。

◇立夏到夏至，热必有暴雨。

◇立夏汗湿身，当日大雨淋。

◇立夏见夏，立秋见秋。

【农事】

立夏时节，要收获夏熟作物，抓紧时机播种下一茬作物。立夏时，北方杂草茂盛。"一天不锄草，三天锄不了。"加紧锄草可以节约土壤中水分，提升地面温度使土壤养分被作物吸收。对于大部分处于间苗的作物十分重要。

【饮食】

时令花品

立夏之日正值百花吐艳、百鸟争鸣的时节。牡丹花、玉兰花、玫瑰花、紫藤花、洋槐花、二月兰、榆钱、南瓜花、茉莉花等花卉均是立夏时节的应季时令佳肴。

【养生】

立夏时，空气的湿度也明显增加。要注意的就是心情愉快，清心败火。

【民俗】

祭祀

立夏之日，古代天子亲率三公、九卿、诸侯、大夫，迎夏于南郊。这种迎夏的仪式最初是很庄严、很隆重的，后来才慢慢地世俗化，渐渐被遗忘了本意。

秤人

立夏当天称过体重的人，能够不怕接下来的炎夏，也不会出现消瘦的现象。

乌米饭

乌米饭是用糯米在捣碎的乌饭树叶中浸泡而成。立夏时吃一顿乌饭树叶糯米团，据说有祛风败毒的功效，并能防蚊虫叮咬。

穿耳朵

立夏时节，母亲为女孩子穿耳朵。因为立夏这天穿耳朵，穿出的孔不容易长好，孩子也就能少受几次罪。

小满

老翁但喜岁年熟

饷妇安知时节好

　　夏季已经到了，明媚的阳光将会祝福整个大地。看啊，田野里的谷物已经颗粒饱满，森林间的绿叶已经挺拔肥厚。承载春耕收获的粮仓满了，捕捞水产的渔船满了，人们腰间的荷包也渐渐满了。但是，这时却要谨慎谦虚地说："这只是小满，小满。"

　　月满则亏，水满则溢。

　　小满就已经足够。

　　二十四节气中，有与小雪对应的大雪，有与小寒对应的大寒，有与小暑对应的大暑，却唯独没有"大满"。

　　因为大满带不来喜悦——在幸福到达极致的时候，人们往往获得的不是喜悦，而是忧虑，忧虑于失去、忧虑于消逝、忧虑于福无双至的预言与乐极生悲的诅咒。在到达大满之前，施舍一些、放弃一些，让粮仓总有那么一点点空余，让生活总有一些无关大局的遗憾。只有这样，人们才能安心。

　　因此，人们期望的永远只是"小满"——满怀着谦逊、喜悦与期待的"小满"。

【物候】

"一候苦菜秀；二候靡草死；三候麦秋至。"苦菜已经枝叶繁茂，开始开花。喜阴的一些枝条细软的草类，在小满强烈的阳光下开始枯死。秋季要收获的麦子这时就应该播种了。

【农谚】

◇小满花，不归家。

◇小满种棉花，光长柴禾架。

◇小满种棉花，有柴少疙瘩。

◇小满不见苗，庚桃无，伏桃少。

◇小满大风，树头要空。

◇小满见新茧。

◇小满过后温度升，时时注意防鱼病。

◇节到小满，亲鱼催产。

【农事】

小满一到，春耕的作物成熟。夏收、夏种、夏管——三夏大忙自此开始：夏收作物已经成熟，有待收割；春播作物正处在旺盛生长期，需要精心照顾；秋收作物的播种更是机不可失，因而农事活动也进入大忙季节。

【饮食】

苦菜

别看苦菜又苦又涩，其实它既爽口清凉，同时又富含营养，醒酒止热。

【养生】

增减衣物

小满时气温攀升、雨量增多，让人容易倾向于减少衣物。但这一时段的昼夜温差其实很大，早晚都较冷，降雨后气温也会下降。应适时增减衣服，晚上睡觉时也要注意保暖，不能贪凉。

淡定静心

夏季主心，心主喜，故此时一定要调适心情，注意保持心情的舒畅，避免情绪出现剧烈波动，否则容易引发各种心脑血管疾病。

冷饮适度

夏季炎热，人们难免要贪一下凉。适量吃些、喝些冷饮固然能起到消暑降温的效果，但吃得过量也会导致腹痛腹泻。

注意饮食

小满的天气，出汗较多，雨水也较多，饮食调养宜以清爽清淡的素食为主。最好能常吃具有清热养阴作用的食物，如赤小豆、薏苡仁等。

【民俗】

抢水和祭水车

民谚云"小满动三车",水车必须在小满后才能启动,因而衍生出了抢水的风俗。抢水时由村中有威望、能执事的长者负责与村中各户约定时间,安排设施和器物的准备。抢水当日,全村黎明时就开始行动,聚集到已经安装好的成排水车旁。在水车基燃起火把照明、万事俱备后,长老会敲锣作为号令,其

他人需击打器皿发出声音应和,然后村人就会踏上水车,一面喊着号子一面车水,数十辆水车同时启动,将河水引入田地,直至水光方止。有时人们还要祭拜水车。掌管水车的车神传说是一条白龙,祭祀时,人们要在用水车车水之前先在水车基上供奉鱼肉、点燃香烛,进行祭拜。最重要的部分,是在供品中备一杯白水,祭祀时泼进田中,象征引水入田,以此来祈祷水源充沛。

祭拜蚕神

小满时正赶上蚕吐丝成茧,马上就可以采摘缫丝,因而小满同时还被认为是蚕神的诞辰。清道光年间,每至小满,必连演三天大戏,其中第一天为昆剧,后两天为京剧,所请的都是名班名角,是一大盛事,称为小满戏。

芒种

黄梅时节家家雨
青草池塘处处蛙

夏季是火热的，因为烈日当空，也因为一切生物都在此刻充满了生命的活力。在夏季，神农炎帝展现出他作为农神的强大神力，化身为灿烂的太阳注视、催促、祝福一切农耕者的劳动。

请看那稻田间匆忙游走的身影——洁白的谷粒展露于烈日下，如同银子般熠熠生辉；而新作物已经一株株地插进了刚刚理过一茬的大地之中。芒种、芒种，既是收获，也是耕种，数不清的繁重的劳作在此时一拥而上，所有人都变得繁忙不已。但是，有什么可以抱怨的呢？这便是夏季所代表的、那兼具年轻的活力与成熟的力量的生命之火。

在汗水的浇灌下，谷物生出丛丛的芒刺。芒刺扎人，但这正是作物生机勃勃的证明；或许，正是天空中有些刺人的阳光，化作了这根根麦芒吧？

劳动吧，繁忙吧，并且为此喜悦吧——这便是生命的呐喊与欢歌。

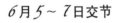

6月5～7日交节

【物候】

"一候螳螂生；二候鵙始鸣；三候反舌无声。"去年深秋时节螳螂所产下的卵巢已经孵化完成，小螳螂破壳而出；伯劳鸟开始鸣叫；反舌鸟反而不再鸣叫了。

【农谚】

◇芒种夏至是水节，如若无雨是旱天。

◇芒种落雨，端午涨水。

◇芒种夏至天，走路要人牵。

◇芒种忙，麦上场。

◇芒种芒种，连收带种。

【农事】

我国大部分地区在芒种时急于收割与播种。西北地区这时还是"芒种忙忙种，夏至谷怀胎"，最南方的广东等地则是"芒种下种、大暑莳（莳指移栽植物）"，江西地区则"芒种前三日秧不得，芒种后三日秧不出"。"芒种不种，再种无用"的贵州、"芒种边，好种籼，芒种过，好种糯"的福建、"芒种芒种，样样都种"的山西等，各地都有所不同。

【饮食】

粽子

五月节是吃粽子的节日。粽子也叫角黍，是用芦苇叶包裹五色杂陈带有黏性的黍子、秫子、黄米、江米及豇豆、芸豆、红小豆、绿豆和小枣、蜜枣、桃仁、栗子、花生等制作而成的。有句顺口溜足以说明粽子的鲜明特色：咸吃香，淡吃甜，凉吃筋道，热吃黏。五色杂陈的粽子，代表的是社稷坛上的五色土。五色土代表祖国东西南北中五个方位的沃土，代表江山社稷。

【养生】

"夏打盹"

大多数人都会在夏季倦怠萎靡，感到十分疲劳。夏季高温炎热，人体会大量排汗以散热。而流汗的同时，钾元素也随汗液大量排出，在钾元素得不到及时补充时，就会出现这种症状。夏天适度打盹也是一种顺应自然的养生行为，对于老年人来说就更是如此。不要在大量出汗后马上喝大量的白开水或糖水，而是应该喝一些鲜果汁或糖盐水。也可进食一些含钾元素较多的食材。

注意休息

在这种天气下，人必然会感到烦躁不已、萎靡怠惰，甚至就此生病。所以要注意午休。

正确洗澡

多喝水、勤洗澡。被汗弄湿的衣服勤洗勤换。出汗时切不可立即洗澡。

饮食调养

宜食大小麦曲，粳米为佳。

【民俗】

送花神

农历四五月间的芒种时，百花的花期已经过去，准备结果了，这是花神已经离开人间的表现。花的凋谢正是果实成长的前兆。民间多在芒种日举行仪式来欢送花神——在感谢她带给人间万紫千红的同时，也感激她为人们留下了果实累累的未来。人们欢送花神，同时又祈求她来年再度降临凡间。女孩子们，或用花瓣柳枝编成轿马，或用绫锦纱罗叠成干旄旌幢，都用彩线系了。每一棵树上，每一枝花上，都系了这些挂件。满园里绣带飘飘，花枝招展。

安苗

芒种时因为要栽下秋收的秧苗，所以十分注重对庄稼幼苗健康成长的祈祷。每到芒种时节，种完水稻，农民就要为祈求秋天的好收成而举行安苗祭祀活动，用新麦蒸制发面，再把面捏成谷物、牲畜、蔬菜果品等形状，最后用蔬菜汁上色。这些新麦做成的"艺术品"就是祈求秋季五谷丰登、六畜兴旺的祭品了。

打泥巴仗

每年芒种前后，侗族的青年男女都要展开一场痛快淋漓的泥巴大战。一对对新婚夫妇在各自要好的伙伴的陪同下集体插秧，插着插着就开始大闹起来，最后演变成互扔泥巴的大混战。

煮梅

每年五六月份时，梅子就会成熟。鲜梅的味道是十分酸涩的，要吃梅子，必须要先行加工，而加工的方法便是煮梅。

夏至

晚风来去吹香远
蔌蔌冬青几树花

每年都会有一天，太阳的光辉到达最为端正、最为明亮的时候，地面上的影子也缩短到了极点。

那时，天空将闪烁着最灿烂的光芒，因为太阳已经又一次达到了它永恒生命中最为强大的时候。在那一日，太阳的光辉将最久最长地普照大地，万物众生都会仰视它的升起、俯首于它的统治。这就是夏至，夏季这个太阳最为辉煌的季节的极致。日轮将在这一天将自己的傲慢发挥到淋漓尽致，它高居于天空的顶端，照耀地上万物，赐予世间最为长久的一个白昼。那一天，似乎有着用不完的时间，使不尽的活力，一切都充满了伟大的光明。

但，仅仅是似乎而已。人是会疲惫的，也是总会有一些私欲的。过于正直的光明，再怎么持久也终有偏斜的时候——因为太阳也会疲乏。夏至的至白之昼总会过去，而在太阳西沉的时候，人们会发觉，原来黑暗冰冷的夜晚，竟然也会如此的迷人……

6月 21 ~ 22 日交节

【物候】

　　"一候鹿角解；二候蝉始鸣；三候半夏生。"鹿角开始脱落。蝉会开始鸣叫。半夏开始生长。

【农谚】

◇夏至有雷三伏热。

◇嬉，要嬉夏至日；困，要困冬至夜。

◇吃了夏至面，一天短一线。

◇夏至杨梅满山红，小暑杨梅要出虫。

◇夏至大烂，梅雨当饭。

◇夏至闷热汛来早。

◇夏至东风摇，麦子水里捞。

◇夏至东南风，平地把船撑。

◇夏至东风摇，麦子坐水牢。

◇夏至食个荔，一年都无弊。

◇夏至伏天到，中耕很重要。

◇夏至风从西边起，瓜菜园中受熬煎。

◇夏至落雨十八落，一天要落七八砣。

◇夏至雨点值千金。

◇夏至一场雨，一滴值千金。

◇夏至东南风，十八天后大雨淋。

【农事】

　　夏至后天气正式入伏，北方地区呈现高温高湿、阳光充足的自然环境，这对农作物生长十分有利，但同时也会导致杂草和害虫的滋长蔓延。应注意尽量加强田间管理。高原牧区降雨和适宜的温度导致水草丰美，进而让牲畜的生活环境也得到了极大的改善。华南西部地区这时也终于进入了多雨期，降水逐渐从春季之后的东多西少变成西多东少，往往能缓解甚至一次性解决该地区的夏旱问题。华南东部的雨量在此时开始出现减少，往往要开始抢蓄这段时间的伏前雨水，以应对未来可能出现的伏旱。

【饮食】

面条

"冬至馄饨夏至面"，北京、山东等地区都要在此时吃面。一般都是凉面或过水面，体现出夏至日照的"长"与收割新麦的喜悦。

馄饨

在无锡，"夏至馄饨冬至团"，夏至这天一般是早上喝一碗燕麦粥，中午则吃馄饨，取混沌和合之意。

【养生】

夏至养生有三忌三宜。所谓三忌，是不可于夜间食生冷、不可用冷水沐浴、不可夜卧贪凉受风；三宜为多食清苦、早起晚睡、贴膏针灸。

【民俗】

"三伏"

先祖为了避免自己的子孙罹患热射病而中暑，便制定了"三伏"天气制度，以便在最炎热的日子里蛰伏在家，避免身体伤耗。

夏至九九歌

一九二九，扇子不离手；

三九二十七，吃茶如蜜汁；

四九三十六，争向街头宿；

五九四十五，树头秋叶舞；

六九五十四，乘凉不入寺；

七九六十三，人眠寻被单；

八九七十二，被单添夹被；

九九八十一，家家打炭墼。

民间一直以"庚日"作为三伏的计算标准。庚日是农历算法中一个月的第7、17、27天，以夏至后第三个庚日到第四个庚日的10天为初伏，第四个庚日到立秋后第一个庚日为中伏，再之后的10天为末伏，中伏则能在10天到20天间变动。

夏至节

夏至来临的农历五月又被称作"恶月"，而让人们平安度过恶月的种种仪式、习俗，则逐渐与历史传说结合，形成了现在的端午节。

祭祖

在这个太阳照射时间最长的日子里，崇拜祖先的中国人是应该祭祖的。由于夏至还是每年阳气最盛、阴气始发之时，这一天往往还要祭地。祭地的风俗在明清时期最为隆重，皇帝要亲率百官到位于安定门的地坛进行祭拜。

小暑

扶桑老叶蔽不得
辉华直欲凌苍空

天空中的太阳当头照射，地面上的生物却似乎失去了之前沐浴阳光的喜悦。夏至之后，太阳的火焰似乎越来越热、越来越毒了。原本渴望阳光欣欣向荣的禾苗与草木，在烈日下垂下了头；原本因为太阳的热度而从寒冬洞窟中苏醒的虫与兽，此刻却在炎热的气温中昏昏欲睡。本应该带给大地生机的太阳，为什么却反而让整个地面死气沉沉了呢？

那是因为当带给人们温暖的热量失去了温柔，它就成了毒。草木间湿气蒸腾而起，毒虫与毒瘴在大地蔓延，食物腐败、畜牧患病、人群中暑。烈日在这一天，从温和热情的父亲，化作了酷烈乖戾的暴君。于是，人们在此时反而开始乞求于黑夜的庇护。

其实太阳并没有变化，它从来都是以相同的方式热烈地爱着大地的一切，一如大地的一切也热爱着太阳。但是即使是爱，也有一个应当保持的限度。之所以会有后羿射日的传说，不也就正是因为人们会在每年的某一刻，忍不住盼望头顶上那代表光明和生命的日轮早早落下吗？给予的太多，就成了毒，毒火堆积，就成了"暑"。在每年的这个时候，这份过于炽烈的关怀，变成了世界上的生灵万物必须接受的一种负担。

可惜，太阳只会用自己的方式去爱着大地。这一份过多的温暖，还将继续加重下去。但是，放心吧，无论多炽烈的日头，也总要有落下的时候。当那散发着毒火的红光陨落进大山之后的深渊，清凉安宁的夜就会到来。

【物候】

"一候温风至；二候蟋蟀居宇；三候鹰始鸷。"清爽的凉风已经无处可寻，扑面而来的只有滚滚热浪。蟋蟀离开野外环境，来到人家的庭院墙角居住。连威武的鹰都因为地面气温太高而飞上天空，尽量避免降落了。

【农谚】

◇小暑小禾黄。

◇小暑吃芒果。

◇小暑温暾大暑热。

◇小暑过，一日热三分。

◇小暑南风，大暑旱。

◇小暑打雷，大暑破圩。

◇小暑惊东风，大暑惊红霞。

◇大暑小暑，有米懒煮。

◇小暑热得透，大暑凉飕飕。

◇小暑不栽薯，栽薯白受苦。

◇小暑种芝麻，当头一枝花。

◇过了小暑，不种玉蜀黍（玉米）。

◇头伏萝卜二伏菜，三伏有雨种荞麦。

【农事】

小暑前后，除了东北、西北这样气温较低的地区还在收割作物外，全国大部分地区的夏季收割、栽种已经完成，主要任务就是田间管理了。早稻在发育阶段上已经进入灌浆后期，如果品种是早熟型的话，不到一个月就会进入成熟收获的阶段，这时候要保持田地里干湿搭配。对于已经拔节、进入孕穗期的中稻，需要按情况追施肥以让麦穗肥大，提高产量。而单季晚稻已经处在分蘖阶段，应及早施好分蘖肥。双晚秧苗则要注意防治虫害、病害。

【饮食】

食新

　　刚刚成熟的稻谷被农民割下后立刻碾好，做成祭祀五谷神灵与祖先的祭饭。祭祀之后，人们品尝自己的劳动成果，感激大自然的赐予。

【养生】

保全阳气

"小暑接大暑，热到无处躲"，此时人们正处在阳气十分旺盛的状态，如果过度劳累、烦躁，反而可能造成阳气的亏损。因此，需要坚持"少动多静"，避免剧烈运动。

谨慎脱衣

脱成光膀子并不会让人感到凉爽，反而会加剧酷热，并引发各种问题。

注意皮肤病

如果患上日光性皮炎，皮肤遭到紫外线暴晒的部分就会出现红斑、丘疹、水疱，同时伴有强烈的瘙痒。预防方法首先就是要注意尽可能不被阳光直晒，防晒霜是不能阻挡阳光的，因此需要用伞、衣服等保护皮肤。

【民俗】

吃饺子

进入伏天，天气炎热，人们容易"苦夏"，故会"头伏饺子二伏面，三伏烙饼摊鸡蛋"。

大暑

土润何妨兼伏暑

火流行看放清秋

　　夏季的太阳是炎帝神农氏的光辉化身。在传说中，那位伟大的远古之神正如夏季的太阳一般，无私地赐予人民一件又一件、一个又一个珍贵的宝物、神奇的知识，其中最为宝贵的三件礼物是农业、商业与医学。珍爱一切生命，希望万物欣然生长的炎帝，看到地上的生灵被疾病与毒素困扰折磨的惨状后，心中充满了悲伤与义愤。于是，他毅然决然地开始了一项惊人的伟业——亲口品尝这地上生长的各种植物，分辨出它们的药性与毒性。

　　但是，这个工作实在太痛苦、太困难了。即使是像炎帝这么伟大的神灵，也被服下的剧毒折磨得痛苦不堪。他每天都会经历七次惨苦的毒发，而毒性被压抑下去后，他又开始进行新的尝试。

　　终于有一天，盛夏的太阳到了必须陨落的时候。神农炎帝在为人民分辨草药的最后阶段，服下了一棵不起眼的小草——而这，正是剧毒到连神灵也可杀死的断肠草。可怕的毒火立刻撕裂了炎帝的身体，在五内俱焚的痛苦下，神农氏离开了他所深爱的世界。

　　或许，大暑的太阳，就是那身中剧毒的神农氏吧？他发出了毒火炙烤大地，大地上所有的人们都对这位伟大神灵的最后的痛苦感同身受。在此之后，夏季就结束了，凉爽的秋天即将到来——燃烧自己，让人们迎来一个新的神灵，或许就是神农氏最后的馈赠。

【物候】

"一候腐草为萤；二候土润溽暑；三候大雨时行。"到了大暑，枯草腐败，提供营养，萤火虫也就此孵化而出。大地变得潮湿，湿气蒸腾让空气更加闷热。大雷雨也会骤然而至。在大雨的降温之下，夏季结束，凉爽的秋天即将来临。

【农谚】

◇大暑热不透，大热在秋后。
◇大暑不暑，五谷不起。
◇小暑不见日头，大暑晒开石头。
◇小暑大暑不热，小寒大寒不冷。
◇大暑无酷热，五谷多不结。
◇大暑连天阴，遍地出黄金。
◇大暑大雨，百日见霜。大暑小暑，
　淹死老鼠。
◇大暑展秋风，秋后热到狂。
◇小暑吃黍，大暑吃谷。
◇小暑怕东风，大暑怕红霞。
◇小暑大暑，有米不愿回家煮。

【农事】

"大暑不割禾，一天少一箩""早稻抢日，晚稻抢时"。大暑时节处处农忙，但最忙的还是我国种植双季稻的地区。"禾到大暑日夜黄"。

【饮食】

冰海

大暑之际，人们要吃冰镇食品以解暑。冰海是一种古老的冰品，其利用天然冰块达到冰镇食物的效果。

吃姜汁调蛋

台州椒江人有在大暑节气吃姜汁调蛋的风俗，谓姜汁能去除体内湿气，姜汁调蛋"补人"。

【养生】

"冬病夏治"

对于某些具有宿疾的人们来说，利用大暑时节的炽烈阳气驱散长期盘踞在体内的阴气正是求得痊愈的不二妙法。这对于那些在冬季发作的慢性疾病有着神奇的疗效。

三伏贴

在三伏时节将特定的药材磨成粉末，用膏药贴在后背的肺俞、心俞、膈俞穴上，或贴在双侧的肺俞、百劳、膏肓等穴位上，经过4~6个小时，人体会感觉到灼痛、微痒或温热舒适。感到灼痛时，可以提前取下膏药。如此这般坚持连续3年都在伏天贴三伏贴，人体的状况就会大大改善。

【民俗】

大暑船

大暑时，浙江台州椒江葭沚会举行送"大暑船"。"大暑船"的形象就是一艘旧式的三桅帆船，船内设有神牌、神龛、香案，以备供奉。里面载满了各种祭品。送船前先是迎圣会。四个人鸣锣开道，八壮汉手执钢叉紧随其后护法。护法大汉后就是五圣——他们乃是由五位少年装扮而成的。骑着骏马游行，有时则是乘坐彩轿。队伍后面则更为热闹——走高跷的、卖水果的、唱桃街的、舞龙的、打花鼓的、摔小球的、抛瓷瓶的……小商贩与艺人们或高声吆喝，或各显其能，好不热闹。迎圣会之后，送大暑船就要开始了。船夫必先在五圣像前跪拜三叩头，之后方可上船。待到大暑船驶到椒江口处，这些船夫便下了大暑船，乘上早已备好的小舢板回来。随着逐渐落潮，潮汐的力量让大暑船渐渐远离海岸，驶向茫茫大海。若是大暑船就此一去无踪，那便是已经被五圣接受，带走了人们身上的病痛苦难，港口的人们欢呼不已。

【禁忌】

大暑期间，烈日炎炎，要避热避暑，谨防中暑等症。

立秋

睡起秋声无觅处
满阶梧桐月明中

进入秋季之后，夏的余温尚在，冬的寒冷将至，正如同黄昏落日之时那阴阳交割的瞬间——生命与死亡，炎热与寒冷，丰收与饥馑，希望与悲凉，完全对立的事物彼此交织在一起，构成一幅动人的诗篇。这，就是秋天。

秋季的守护神蓐收——她很有可能就是人们所熟知的西王母——是一位美丽而严厉的女神。她周身披着雪白的兽皮，如同猫科动物一般优雅、迷人、不可捉摸且充满了危险性。每到秋季，她就会挥舞着金属打造的斧钺，对世人一年的行为做出决断——人们种下的因，已在这收获的季节结成了果实。在她的座下，三只和她一样兼具着凶猛与美丽的巨鸟随时等候她的差遣，它们已经准备好利爪与各种瘟疫、厄运，时刻等待着前去给予忤逆天道之人以惩罚。但同时，蓐收又是慷慨的。正如她的名字那样，她代表着收割——不仅仅是收割将死之人残破的生命，同时更是指引人类收割丰收了的庄稼作物。在夏季炽热的赤红阳光所带来的极速生长之后，秋季以其温和的金色阳光呵护着大地上的一切，让他们丰盈、安逸、自然地凋落或沉眠。而这个温柔又无情的过程，就将在立秋之日拉开序幕。

太阳已经西落，镰刀已经举起，它将收割的会是喜悦的收获，还是可悲的罪恶呢？

【物候】

"一候凉风至；二候白露生；三候寒蝉鸣。"虽然初秋的气温尚热，但是风已经不同于盛夏的热风了。在清晨会出现雾气，寒蝉也会鸣叫。叫声不同于夏蝉的烦躁嘹亮，有一种苍凉凄婉之感。

【农谚】

◇立秋不立秋，六月二十头。

◇早晨立秋凉飕飕，晚上立秋热死牛。

◇立了秋，凉飕飕。

◇早上立了秋，晚上凉飕飕。

◇立了秋，扇莫丢，中午头上还用着。

◇立秋早晚凉，中午汗湿裳。

◇立了秋，枣核天，热在中午，凉在早晚。

◇立秋反比大暑热，中午前后似烤火。

◇立秋三场雨，夏布衣裳高搁起。

◇立秋温不降，庄稼长得强。

◇立了秋，哪里有雨哪里收。

◇立秋三场雨，秕稻变成米。

◇立秋有雨丘丘收，立秋无雨人人忧。

◇立秋雨滴，谷把头低。

◇立秋雨丰，黍子返青。

◇立秋种荞麦，秋分麦入土。

◇立秋十日遍地红。

◇立秋十八日，寸草结籽粒。

◇立秋十日割早黍，处暑三日无青穆。

◇立秋锄晚田，地松籽粒满。

◇立秋才去头，晚了两三候。

◇立秋管葱，快把土壅。

◇立秋前，三四天，白菜下种莫迟延。

◇立秋摘花椒，立冬打软枣。

◇立了秋，苹果梨子陆续揪。

【饮食】

咬秋

在苦熬过夏天后终于迎来凉爽的秋天，所以要一口将其死死"咬住"。天津讲究咬西瓜或香瓜，江苏等地也是吃西瓜。

贴秋膘

秋风一起，天气凉爽，胃口大开。人们会做出各种令人垂涎欲滴的大肉菜，补一下经历苦夏后亏损严重的身体。

【农事】

立秋之后，我国主要的农业地区都要开始进行早稻收割和晚稻移栽，基本上所有大秋作物都进入了非常重要的快速生长发育期。中稻开始开花和结实，大豆也开始结荚，玉米则进入了抽雄吐丝的阶段，棉花正在结铃，而甘薯的薯块也开始迅速膨大。所有的作物都在为了金秋的成熟做最后的冲刺，农业生产对水分的要求十分迫切，人们抓紧最后的温暖时期，追肥耘田，辛勤灌溉，认真管理。

【养生】

"秋季进补"

"防燥不腻"，不宜吃过多的辣物。像茭白、南瓜、莲子、桂圆、黑芝麻、红枣、核桃等果品都是秋季进补的好东西。

保养肺气

肺气虚弱，人体承受疾病的能力就会减弱，就会轻易被不良的刺激影响。故应做到心平气和、安详宁静，保持心情愉快平缓。

调整作息

"早卧早起，与鸡具兴"。

适度增衣

着衣不宜太多。

【民俗】

立秋节

也称七月节。大约是在每年的 8 月 7 日或 8 日。不仅皇帝如此,上到百官下到百姓,都会在立秋之后挑选吉日来进行拜祭,以祈求上苍庇护和祖先保佑,躲过秋季可能流行的瘟疫或其他灾厄,同时祈求粮食丰收。

"秋忙会"

在秋忙前自发组织起来的集市。人们为了迎接秋忙而互通有无,购置工具、牲畜。一般定在农历的七八月份。

处暑

露蝉声渐咽
秋日景初微

　　在处暑的时节，天气像回光返照般地炎热恼人，蚊虫们更是抓住了这最后的狂欢时机，疯了似的鼓噪着、攒动着，似乎要将人的血吸干。而偏偏就在此时，上半年的工作要总结，田地里的庄稼要收割，后半年的生活要规划，似乎所有的事情都赶在一起涌了过来。它们从四面八方、从生活的每个环节一同发动袭击，仿佛只有一个目的——让人们烦躁、上火、失眠、惊悸、愤怒，终至于歇斯底里大发作。

　　若外界纷乱，纷乱为苦，那么至少让我们的心安静下来。这很难，但着实值得一试。所以不妨感受一下吧：在滚滚躁闷的热浪中，在蚊虫刺耳的鸣叫中，静心坐下，泡上一壶茶，静静分析一下接下来工作的重点；在残余未消的火气中，安宁地静坐、忍耐，反思之前的所为，警醒之后的行动；在几乎要充斥脑海的苦闷和遗憾中，深吸上几口气，冷静一下头脑，以平和的心态去反思这半年的人生。

　　放下焦躁，或许我们能感到一丝若有若无的凉爽清风。放心，只要你觉得自己没有虚度年华，那么公正的秋季就会给与你应有的收获。

　　看，在你静下心来的同时，秋风乍起，万籁俱寂，天气已经渐渐凉爽下来了。

【物候】

"一候鹰乃祭鸟；二候天地始肃；三候禾乃登。"在处暑节气开始时，以鹰隼为代表的猛禽开始加大捕猎量，以准备过冬。捕获的猎物一时吃不完，所以会放置在巢穴附近，看起来像是摆放祭品一样。天地万物在处暑过后 6~10 天的阶段，会开始变得肃穆。树木开始落叶，飞虫开始死亡。谷物在此时纷纷成熟了。

【农谚】

◇处暑天还暑，好似秋老虎。

◇处暑天不暑，炎热在中午。

◇处暑处暑，热死老鼠。

◇处暑雨，粒粒皆是米（稻）。

◇处暑早的雨，谷仓里的米。

◇处暑若还天不雨，纵然结子难保米。

◇处暑谷渐黄，大风要提防。

◇处暑高粱遍地红。

◇处暑十日忙割谷。

◇处暑收黍，白露收谷。

◇处暑好晴天，家家摘新棉。

◇处暑花，捡到家；白露花，不归家。

◇处暑就把白菜移，十年准有九不离。

◇处暑栽，白露上，再晚跟不上。

◇处暑拔麻摘老瓜。

◇处暑见红枣，秋分打净了。

【农事】

中稻的收获工作于此时在我国南方展开。处暑节气中的华南在"秋老虎"的影响下，日照是比较充足的。虽然有连旱的危险，但这对于收割中稻、棉花吐絮都是有好处的。华南地区的雨量分布开始由西多东少转变为东多西少，华南中部的雨量却能达到一年里的次高点。因此，这时正是积蓄水资源的大好时节，应做好蓄水工作。

【饮食】

南方这时候多吃绿叶菜，而北方则以瓜果类为主。

【养生】

增加睡眠

秋天阴气增加、阳气减损，人会因为阳气的内敛而变得怠惰、喜静不喜动，故应顺应自然规律，早睡多睡，保证充足睡眠。

加强锻炼

爬山、平速散步、做体操等简单而不剧烈的运动最为合适。

护脐

到了处暑，天气就转凉了。人体的表皮以肚脐部分最薄，因为这里没有皮下脂肪组织，与外界的隔绝性很差。肚脐附近有着许多神经末梢和神经丛，这又导致这个部位对于外部刺激异常敏感，容易导致寒气侵入。故应注意护脐。

【民俗】

中元节

中元节发展至今，演变为以祭祖为核心的隆重的祭祀活动，于每年农历七月初一开始。这段时间各地都会举行大规模的宗教活动来普度亡灵、布施僧贫。人们竖灯篙、放河灯，用这些东西召唤鬼魂们享受献祭。尤其是"荷花灯"，人们会在中元节的夜晚将其放在江河湖海之中，任其漂流。其目的是希望灯火引导水中的溺毙之鬼与其他鬼魂平息怨恨、往生极乐世界。

"七月八月看巧云"

处暑时，人们会在郊外乘着清爽的凉风，观赏着天空上流动飞舞、轻巧空灵的云彩，享受着美好的秋意。

开渔节

这时海域水温尚高，海域周围有大量鱼群游弋，而且各种水产都已经发育成熟，正是渔民们出海捕捞、收获水产的大好时节。每年处暑期间的开渔节，人们欢送渔民开船出海，祝福他们。

白露

西风飘一叶
庭前飒已凉

时间，这个隐形的收割者，还有什么时候比在秋季这个收割的时节更加清晰地彰显自己的存在呢？叶片枯黄陨落，鸣虫哭泣沉寂，寒风乍起，白昼渐缩。清晨的茫茫白雾中，蓐收大神——这在秋季苏醒的守护者与审判者的身影，仿佛若隐若现。

露水，晶莹而容易消逝。这种转瞬湮灭的存在，让人联想到生命的短暂。白色，素静哀伤，让人联想到死亡的萧瑟。而这一个节气，就被称作"白露"。

秋季是一个让人伤感的季节。因为在这时草木零落，因为在这时鸟兽消遁，因为在这时万物凋敝——最重要的是，火热的太阳降低了温度。

当盛夏之时，人们是多么盼望着太阳的火力消退，多么盼望着秋季的到来啊！可是，入了秋，心却变了。感受着渐渐萧瑟的凉风，人们从舒爽、愉悦渐渐变得哀伤。因为，再明确不过的一件事，已经通过无处不在的温度传达给了众人——这一年，竟是又已经耗费了大半，要如同这渐渐冷却的太阳一般，坠入往昔的山涧了。

秋的气息是如此爽朗，天空是如此辽阔蔚蓝。白露是最美的时节，而它越美，就越令人心碎——这份美丽，这份清爽，注定是短暂的。世间一切的努力都无法让它多留片刻。看，大雁们已经辞别北地飞往南方，寒冬即将来临了。

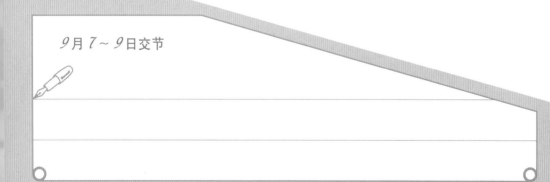

9月7～9日交节

【物候】

"一候鸿雁来；二候玄鸟归；三候群鸟养羞。"雨水节气时北迁的天鹅与大雁将往南方飞去。春分时飞到北方的燕子回到了南方。鸟类开始储藏过冬的食物。

【农谚】

◇喝了白露水，蚊子闭了嘴。

◇别说白露种麦早，要是河套就正好。

◇白露麦，顶茬粪。

◇白露种高山，秋分种河湾。

◇白露播得早，就怕虫子咬。

◇白露割谷子，霜降摘柿子。

◇白露谷，寒露豆，花生收在秋分后。

◇白露见湿泥，一天长一皮。

◇白露种葱，寒露种蒜。

◇白露的花，有一搭无一搭。

◇白露秋分头，棉花才好收。

◇白露不低头，割倒喂老牛。

◇白露节，枣红截。

◇白露打枣，秋分卸梨。

◇白露打核桃，霜降摘柿子。

◇白露到，摘花椒。

◇白露到秋分，家禽快打针。

【农事】

在东北平原肥沃的黑土地上，谷子、高粱与大豆等作物都已经成熟，需要开始收获；淮河一带以及更南方的地区，此时单季晚稻正在扬花灌浆，双季双晚稻马上就要抽穗，是抓紧灌水、排水以保障收成的重要时期；同时，华北地区的秋收作物，还有全国各地的棉花也都等待着收割，可以说秋收已经全面展开了。在收割的同时，越冬作物的播种也紧接着展开——西北、东北的冬小麦种植，以及华北的秋种都已经到了开始的时候，只等做完送肥、耕地、清理潜伏在地下的害虫等准备工作后就要播种了。

【饮食】

吃龙眼

在福州，人们认为白露时节吃龙眼乃是大补。

"十样白"

在浙江、温州等地，白露之日人们采集"三样白"或"十样白"与乌鸡或鸭子一同煨制，烹饪成滋养身体、祛除风湿的高汤。"十样白"，是白木槿、白毛苦等十种名字里带"白"的草药的总称。

白露茶和白露米酒

南京人青睐"白露茶"。白露时节的茶既不似春茶那样过于鲜嫩，一泡就烂，也没有夏茶那种又干又苦涩的味道，而是自有一种别致的甘醇清香。祖籍苏南和浙江的人们，还会在这一天自酿白露米酒。糯米，高粱等五谷是它的原料成分。

吃白薯

在白露这天多吃点白薯，可以使得全年吃白薯制物时不犯胃酸。

肉食进补

"白露见冰碴"，可见"节气不饶人"。这时北方昼夜温差加大，加之湿夏的桑拿天消耗了人体大量的能量，因此秋季进补十分重要，正如俗话说的"药补不如饭补"。

【养生】

预防呼吸道疾病

夏去秋来、季节更替的变化十分明显。白露时节鼻腔疾病、哮喘病和支气管病会频发、多发。调整饮食可以对调节身体状况、减轻这些症状起到很大的作用。也应注意少吃或不吃鱼虾等海鲜。

停止洗凉水澡

"处暑十八盆，白露勿露身。"自处暑开始的 18 天内，每天都免不了用一盆水来冲凉洗澡以抵御炎热。但是到了白露，暑气消退、夏秋转折，气温变化日益增大，就要注意保暖，不可肆意暴露身体了，否则很容易受寒着凉。

预防秋燥

秋天气候开始干燥，而"燥邪"会伤人，消耗人体的津液，让人出现口干舌燥、嘴唇干裂、鼻孔出血、喉咙干枯以及大便干结、皮肤干裂等症状。应多食用富含维生素的食品。也可服食一些沙参之类的能够化痰润肺、清热止咳的中药。

【民俗】

祭祀水路菩萨

"水路菩萨"即治水的大英雄大禹。一同享受祭祀的神灵还有土地爷、花神、蚕花姑娘、门神、宅神、姜太公等。热闹的香会上，戏台上必然会上演《打渔杀家》这出名戏。

秋分

燕将明日去
秋向此时分

太阳渐渐沉沦，明月逐渐升起，白昼日日缩短，黑夜天天延长。终于，自春分之后第二个昼夜平分的日子到来了。在这一天，秋风吹响了审判的号角，而日月、昼夜便化作天平的两端。蓐收神，这位持握着斧钺守护秋天的女神，在此时开始了她的判决：

她判决辛勤劳动者将在此时收获自己汗水浇灌出的丰盛作物；她判决游手好闲者将在此时承受瑟瑟秋风的奚落责骂；她判决张弛有度、顺应天时作息者将在此时身体健康、活力充沛；她判决昼夜颠倒、挥霍精气者在此时体弱亏损、疾病丛生；她判决珍爱时间与生命、用这一年时间认真活着的人获得无上的充实与愉悦；她判决虚度光阴浪费生命、无有目标庸碌过日之人在这回首一年之际被心中的空虚与懊悔所折磨。

秋之分野已过，公正的审判已落下。无论结果如何，这一年中让人们充满活力、热心进取的时间，已经一去不返了。黑夜作为法庭的帷幕徐徐落下——人的一生，要用三分之一的时间睡眠；而在秋分之后，便进入让地上众生得到休息的、一年最后的三分之一了。

【物候】

"一候雷始收声；二候蛰虫坯户；三候水始涸。"秋分开始以后，雷雨天气就不会再发生了。会冬眠的生物开始挖地洞准备冬眠。各地的河水、井水都已经进入了枯水期。

【农谚】

◇秋分秋分，昼夜平分。

◇秋分见麦苗，寒露麦针倒。

◇秋分麦粒圆溜溜，寒露麦粒一道沟。

◇秋分前十天不早，秋分后十天不晚。

◇秋分种高山，寒露种平川。

◇秋分到寒露，种麦不延误。

◇白露秋分菜，秋分寒露麦。

◇秋分稻见黄，大风要提防。

◇秋分收花生，晚了落果叶落空。

◇秋分棉花白茫茫。

◇秋分不着"喷"（拾第一次花），到老瞎胡混。

◇秋分种，立冬盖，来年清明吃菠菜。

◇秋分种小葱，盖肥在立冬。

【饮食】

"秋瓜晚茄子"，秋分时节的冬瓜是上好的食品。

【农事】

华北地区"白露早，寒露迟，秋分种麦正当时"，在秋分时节种植冬小麦；江南地区的农谚则是"秋分天气白云来，处处好歌好稻栽"，可见在江南鱼米之乡，秋分时要播种水稻。秋分时节发生雷雨天气不是好事，反而会使得作物减产，正所谓"秋分只怕雷电闪，多来米价贵如何"。

"三秋大忙"

降温明显加快，使得"三秋大忙"变得格外紧张。人们都在忙于秋收、秋耕、秋种。"三秋"大忙，重在一个"早"字。在灾害天气发生前及时抢收秋收作物，等到霜冻和连天阴雨来袭时就可以高枕无忧了。

【养生】

预防秋燥

秋季天气比较干燥，所以燥邪成为了主要的外邪。秋分后气温下降，秋风、秋雨送寒，凉燥也应运而生。若体质虚弱，便容易遭受凉燥，这就需要坚持锻炼身体。

宜吃酸不宜吃辣

酸味与肺气相补，可以收敛肺之气血，而辣味则会让肺气发散而出。秋日宜收不宜泄，故而需要少吃食葱、姜等辛辣食物。

【民俗】

秋社

秋社是秋季祭祀大地之神的礼仪。官府与民间都集合起来进行祭祀，以感激神灵赐予的丰收。秋社还伴有一些娱乐性的习俗，宋时就有食糕、饮酒等。

中秋节

中秋之日，原本正是秋社时感激丰收、赞美大地的祭祀之日。后来嫦娥奔月的神话开始与丰收祭祀融合起来，之后又加入了团圆、月饼等元素。

寒露

气冷疑秋晚

声微觉夜阑

深秋，万物凋敝零落。自北方南下的冷风，将秋日爽朗的空气变得更加干涩、凝重，一种无形的重压似乎开始降临于大地之上。在这重压之下，草木开始枯黄，残叶纷纷凋落。而人们，也开始准备进行一年当中最后一段的繁忙。谷物要收割、堆好；越冬的种子要称重、收藏；一年的业绩和欠账要结算、还清。虽然这一年，还有令人感觉最为漫长的一个季节尚未到来，但是人们已经分明感觉到一年又快到了头。

清晨，朝阳已经不再明媚。它的光芒暗暗的，将一切映照成暧昧的淡蓝色。而在这天地之间的淡蓝色中，冰冷的露水凝结在草木的枝头——不再为了滋润它们，而是为了带走它们剩余不多的生气，让它们进入沉眠。

传说中司掌秋天的帝王——蓐收所辅佐的西方天帝，他的名字乃是帝俊。帝俊的父亲，是于天际闪耀、刺穿黑夜的金星；而他的母亲，则是昼夜交接之时霞光黎明的化身。帝俊是星光与黎明之子，他有着威严而美丽的神鸟的形象。在寒露的晨曦中，我们仿佛能够看到他的身影，感受到他的呼吸——清泠而澄澈，暧昧不明却令人激动。

望着那渐渐懒散的太阳，候鸟正飞向南方，留鸟则开始觅食。秋季将尽，万物安闲。

【物候】

"一候鸿雁来宾；二候雀入大水为蛤；三候菊有黄华。"自北方迁徙向南的天鹅与大雁就已经到达了南方。天气已经步入深秋，因为天寒地冻，雀鸟减少了活动，也就从人们眼前消失了。而与此同时，蛤蜊往往会为了晒太阳而漂移到岸边。菊花正在深秋绽放。正是重阳佳节赏菊登高的好日子。

【农谚】

◇吃了寒露饭，单衣汉少见。

◇重阳无雨一冬干。

◇寒露时节人人忙，种麦、摘花、
打豆场。

◇寒露到霜降，种麦莫慌张。

◇寒露霜降麦归土。

◇寒露前后看早麦。

◇白露谷，寒露豆。

◇寒露收豆，花生收在秋分后。

◇豆子寒露动镰钩，骑着霜降收芋头。

◇寒露三日无青豆。

◇寒露到，割晚稻。

◇寒露不摘烟，霜打甭怨天。

◇寒露不刨葱，必定心里空。

◇寒露收山楂，霜降刨地瓜。

◇寒露柿红皮，摘下去赶集。

103

【农事】

雨季结束，天气晴朗，日照和干燥对谷物的最后成熟与秋收储存可谓大大有利。因为华西秋雨、热带气旋等气象活动，海南和西南地区甚至江淮、江南地区往往连日秋雨连绵，对秋收、秋种等农业活动造成不良影响。加紧抢收永远是对抗天气突变的最好手段，"寒露不摘棉，霜打莫怨天"，应趁着天晴之时迅速采收。在华北平原，这个时候应该抢收甘薯。如果不根据天气情况抓紧时间收获，等到早霜到来，在地里的薯块就会因为经受了过久时间的低温，受到冻害而"硬心"。

【饮食】

鱼类

寒露时节正是鱼虾上市之时。

【养生】

防范燥邪

雨水逐渐减少，白天气温较高，夜间温度骤降，而且天干物燥，容易引生燥气，频发口干咽燥、干咳少痰的症状。这时皮肤往往会干燥，并出现毛发脱落、大便秘结等。从防燥入手，应以吃滋阴防燥、润肺益胃的食物为主。

预防呼吸道疾病

气温变化大又有燥邪，故而呼吸系统、消化系统的疾病往往频发。应适当增减衣物、少吃生冷。

【民俗】

重阳节

农历九月九日是重阳节。这个节日自先秦之前流传至今，成为了一个以敬老为主的节日。但实际上重阳节最初也是来源于祭祀，一开始是祭祀老天爷的仪式。到了汉代，各种祭祀仪式逐渐世俗化、娱乐化。崇尚修仙、养生的风气开始兴起，有了追求长寿的习俗。人们会带上茱萸花登上高山。后来，又加入了赏菊、饮酒等风雅的习俗。到了唐朝，"敬老"这一提倡孝道的内核被引入重阳节之中。

【禁忌】

"白露身不露，寒露脚不露"，最易被寒气人侵的地方就是脚。这时忌露臂露脚，穿单衣、凉鞋等。

霜降

鸿声断续暮天远

柳影萧疏秋日寒

终于有一天，人们在一觉醒来时发觉被窝是如此的温暖宜人，自己是如此地贪恋着一时的温暖。待到用尽意志力睁开双眼时，竟发现窗外的世界，已经完全变了模样。

草叶上、树叶上、地面上，全都覆盖了一层薄薄的、灰白色的晶体。而天空的颜色，也从爽朗的碧蓝向着肃穆的青灰转变。不时地，一阵寒风自西北方吹袭而过，吹紧了行人的外套，吹落了树上的枯叶——那枯黄的叶子，霎时化作漫天飞舞的黄金蝴蝶，然后飘落在地，静静等候着变为泥土。

一切都变得缓慢起来，仿佛整个世界的活力都在消退。草丛里、树林间，虫鸟的鸣叫不知何时消失了。田野上、池塘边，劳动者的身影也渐渐稀疏了。是的，无论人们此刻在心中怀有的是勤苦劳作后喜获丰收的充实，还是虚度年华而徒然无获的空虚，挥洒汗水、努力奋斗的时刻都已经如同耀眼炽热的太阳一般远去了。那令人感到忧郁之美的金灿灿的夕阳，与令人感到爽朗之美的湛蓝天空一起，渐渐被一片灰色的迷雾所取代。树林间的生物归于沉寂，田野里丰美的收获也都已封存进了粮仓。百花枯萎，仅余残枝。天地间变得如此寂寞苦涩。

只剩下伴随北方寒风而来的冰霜低语着："凛冬将至。"

【物候】

"一候豺乃祭兽；二候草木黄落；三候蛰虫咸俯。"豺狼在霜降来临之后会将猎物陈列在地上，好像是在祭祀一样。草木基本全都枯黄凋落了。冬眠动物基本上都开始进入冬眠，也就是蛰伏了。

【农谚】

◇秋雁来得早，霜也来得早。

◇今夜霜露重，明早太阳红。

◇霜降降霜始（早霜），来年谷雨止（晚霜）。

◇霜降前降霜，挑米如挑糠；霜降后降霜，稻谷打满仓。

◇霜降前，薯刨完。

◇时间到霜降，种麦就慌张。

◇霜降，瞎撞。

◇时间到霜降，白菜畦里快搂上。

◇望近霜降好种麦。

◇霜降播种，立冬见苗。

◇霜降前，要种完。

◇霜降拢菜，立冬起菜。

◇霜降拔葱，不拔就空。

◇霜降摘柿子，立冬打软枣。

◇霜降不摘柿，硬柿变软柿。

【农事】

"三秋" 大忙

　　北方地区农田里虽然还栽种着晚麦等越冬作物，但它们也都已经停止生长进入了越冬期，因此管理的压力并不大。霜降时节的南方，正好处于"三秋"大忙之中：单季杂交稻、晚稻、棉花等急迫地需要抢收、抢摘；而早茬麦、早茬油菜则需要尽快栽种；至于拔棉秸、耕翻整地等农活，更是需要大费劳力。"满地秸秆拔个尽，来年少生虫和病"，收获之后的庄稼地需要尽可能及时地将作物残留的根茎拔除、回收，以防止其中潜藏的病菌与虫卵危害来年的作物。

【饮食】

吃柿子

"霜降吃柿子，不会流鼻涕"。霜降时，柿子正好成熟。北方的一些人家甚至会故意将柿子放在冷冻室里，冻成冰坨子后当做冷饮食用。

【养生】

进食滋补

霜降时节的气候应和五行中的土属性——即长夏的属性，适宜食用养胃、补血的食物。"一年到头补，不如霜降补"，吃一些蜂蜜、牛羊肉、栗子、萝卜等高营养或补气的食物，对人体很有好处。

防范气候病

霜降节气，患有慢性胃炎、胃十二指肠溃疡和慢性支气管炎的人往往会复发甚至病情加重。上了年纪的人，也很容易在这个时候患上膝关节骨性关节炎——"老寒腿"。这时吃一些梨、苹果、白果、洋葱、雪里蕻等食物，会对呼吸道疾病起到缓解作用。

【民俗】

菊花锅

霜降之时，正是菊花凌霜盛开之际。正是因为菊花盛开在阴历九月，先祖将九月雅称为"菊月"。人们不仅欣赏菊花，而且还要尝一尝它的味道。

立冬

昨夜清霜冷絮裯

纷纷红叶满阶头

112

冬天到来了——从日益降低的气温中，从逐渐冻结的河面上，从树木如血管般蔓延向天空的枯枝之间，从凝颓的灰色云层里，冬天到来了。

当冬季来临，玄冥就会化身为鸟。他张开大得不可名状的双翼，卷起横扫大地的狂风。顷刻间，冻结一切的寒风就会自极北之地呼啸而来，而狂风中还夹杂着数之不尽的瘟疫与灾难——这风，便是带来冬天寒意的西北风。

人们正是如此地畏惧冬天。

但是，难道严冬的意义仅仅只是凋敝与灾难吗？

那一位居于冰雪之中，如白雪般洁白、黑夜般漆黑的女神，难道就仅仅是一个以折磨生灵为乐的暴君吗？不，不是的。我们可敬的祖先敬爱自然，理解自然界一切的现象都有其意义。即使是那位颛顼帝，也必定有着一颗仁爱世间的心。那颗心虽然包裹在重重的寒冰之下，却仍然是清晰可见的——只要悉心去倾听北风的呼啸，我们就能了解到它。

【物候】

"一候水始冰；二候地始冻；三候雉入大水为蜃。"气温已经下降到零摄氏度以下，因此湖泊河流中的水开始结冰。土壤中的水分也开始冻结。野鸡等大型鸟类也因无法忍受寒冷而减少了活动，同时海中的大型贝类生物则漂浮到了海边——一个消失、一个出现，加之蜃贝壳上的花纹类似野鸡羽毛的花纹，从而让古人产生了如此的联想。

【农谚】

◇立冬打雷要反春。

◇立冬之日起大雾，冬水田里点萝卜。

◇立冬那天冷，一年冷气多。

◇立冬东北风，冬季好天空。

◇立冬南风雨，冬季无凋（干）土。

◇立冬有雨防烂冬，立冬无雨防春旱。

◇立冬小雪紧相连，冬前整地最当先。

◇立冬不吃糕，一死一旮旯。

◇立冬种豌豆，一斗还一斗。

◇立冬前犁金，立冬后犁银，立春后犁铁（指应早翻土）。

◇立冬晴，一冬晴；立冬雨，一冬雨。

◇立冬北风冰雪多，立冬南风无雨雪。

◇立冬落雨会烂冬，吃得柴尽米粮空。

【农事】

时值立冬，降水量已经大大减少。这时候东北地区的土壤都已经封冻，当地进入农林作物的越冬期；而江淮地区在气候上还处于秋天的尾声，对田中作物的收割、对越冬作物的播种都急需完成；江南正需要完成晚茬冬麦的抢种以及油菜的移栽工作；而华南正逢"立冬种麦正当时"，需要抓紧时机播种冬麦。

【饮食】

火锅和饺子

北方的习俗是于立冬这一天吃火锅或饺子，就像于立秋这一天吃烤肉一样。

白煮肉

立冬时节我国北方习惯吃饺子，南方则以吃肉类为多。

【养生】

增强御寒能力

寒冬降临，应增强对寒冷的抵御能力。获得热量最简便、最直接的方法就是摄取高热量的食物，如牛羊肉、乌鸡、鲫鱼等。

【民俗】

祭冬

早在先秦时期，每逢立冬之日，天子便需要依照规矩行出郊迎冬之礼，并在祭祀的典礼上赏赐给群臣冬衣，颁布矜恤孤寡的命令。到了汉魏时期，天子仍然会在立冬之日亲率群臣迎接冬季，并抚恤、表彰为国捐躯的烈士及其家小，以请求英灵继续庇护国家，鼓励民众奋勇作战，抵御外敌、异族的侵袭。在民间，则会进行祭祖、饮宴、卜岁等民俗活动。人们也会祭祀自家先祖。

小雪

云暗初成霰点微
旋闻簌簌洒窗扉

在寒冷的冬天，草木枯萎、鸟兽蛰伏，喜人的花朵更是早已经不见了踪影。散发盎然生机的绿色消退无踪，即使是耐寒长青的松柏，在寒风中也变得暗淡无光。大地上，无论哪里都显得干枯、荒芜，一派令人哀愁的死寂。

但是突然有一天，洁白的精灵自天空中飘落。她洁白的身姿舞动着，让凛冽的寒风变成了华丽的乐章；她在死寂枯槁的大地上覆盖上一层蓬松可爱的洁白，瞬间让天地间的景色变得令人心醉。

就这样，一直以来令人伤感的死灰色消失了，取而代之的是充满洁净的纯白世界。虽然那是由冰晶凝结而成的白，但却让人感到温暖；虽然地面上彻底进入了寂灭，但却让人感到了生机。雪就是这般美丽神奇的东西——这，或许就是身为女神的颛顼帝那美丽的一面。

看似冰冷而不可接近，但雪却在默默地滋润着土地，默默地将病害清除。大地已经疲惫了，所以需要寒冷来令其安息。而这雪，就是为大地盖上的睡衣。

雪覆盖地面，覆盖了之前大地上繁茂的往昔。但我们不必哀伤，过去的一切就让它被雪所埋葬，在泥土中化作新的希望。

【物候】

"一候虹藏不见；二候天腾地降；三候闭塞成冬。"天空中只会降雪不会降雨，自然不会出现彩虹。天空显得格外辽远，而地面则因为到达枯水期且土地冻结而稍微下降了一些。天地阴阳之气互不交通闭塞停滞，闭塞成冬，冬季的氛围才算是完全形成。

【农谚】

◇节到小雪天下雪。

◇小雪节到下大雪，大雪节到没了雪。

◇小雪封地，大雪封河。

◇小雪地不封，大雪还能耕。

◇小雪不把棉柴拔，地冻镰砍就剩茬。

◇小雪不起菜（白菜），就要受冻害。

◇小雪不砍菜，必定有一害。

◇小雪不耕地，大雪不行船。

◇小雪虽冷窝能开，家有树苗尽管栽。

◇到了小雪节，果树快剪截。

◇时到小雪，打井修渠莫歇。

◇小雪到来天渐寒，越冬鱼塘莫忘管。

◇小雪大雪不见雪，小麦大麦粒要瘪。

◇小雪封地地不封，大雪封河河无冰。

【农事】

北方地区开始注意果树的保暖与修整。"小雪铲白菜，大雪铲菠菜"，正是收获、储存白菜的时候。

【饮食】

吃糍粑

在南方的某些地方，有农历十月吃糍粑的习俗，所谓"十月朝，糍粑禄禄烧"。在农历十月吃糍粑，可能是某种祭祀活动的遗存。

【养生】

预防抑郁

凛冬来袭。面对漫长的黑夜，人们往往会产生一定程度的忧郁、感伤。我们应该学会调节心情，以乐观开朗的心绪度过漫漫寒冬。

【民俗】

熏制食物

在小雪时节，一些有手艺的家庭开始准备熏制腊肉、腊肠。

【禁忌】

忌室内干燥

小雪时一般温度尚可而湿度不足，应考虑进行加湿。

大雪

素梅掩映冬雪至
红炉不度锦衾寒

　　无疑，冬季是一个令人压抑悲伤的季节。没有了满目生机摇曳的美丽，冬天的大地上就只剩下死寂。

　　世界失去了生机，失去了人与神的交通，失去了浪漫与美丽，只留下冰雪般冻结的、僵硬的"秩序"。

　　这样僵化冰冷的世界，绝不是美丽的。各类疾病与灾难丝毫没有因为天地的隔绝而消失，反而开始变本加厉地肆虐于人间。或许是察觉到了自己的错误吧，颛顼帝让大雪在严冬中降临下来，作为天地间新的纽带。

　　这自天空落下的纯白之物覆盖于大地之上，掩盖住了枯萎与污浊，让整个世界看起来竟然是白茫茫一片，是如此的干净。这美丽的雪景便是冬之神给予人间的最后馈赠，它将会在来年春季之时融化为滋润土地的清水，为新一次的轮回而祝福。

【物候】

"一候鹃鸥不鸣；二候虎始交；三候荔挺出。"天气又冷上一筹，即使能在冬季鸣叫的鸟类也会为了节省体力而保持沉默了。出没于山林的老虎开始交配。兰草在风寒卷地的大雪时节抽出新芽，让人感受到生命从未自大地上消失，看似消失了的阳气仍在暗中萌动、生生不息。

【农谚】

◇大雪不冻倒春寒。

◇大雪河封住，冬至不行船。

◇大雪晴天，立春雪多。

◇大雪不寒明年旱。

◇大雪下雪，来年雨不缺。

◇寒风迎大雪，三九天气暖。

◇大雪不冻，惊蛰不开。

◇冬季雪满天，来岁是丰年。

◇冬雪是个宝，春雪是根草。

【农事】

江淮、淮南地区，小麦与油菜还在缓慢地生长，需要跟上肥料以保证它们能够安全越冬，并为来年开春时的生长打好基础。华南、西南地区，小麦刚刚进入分蘖期，需要依照中耕的进度播撒好分蘖肥，并且注意在冬作物农田中清沟排水。

【饮食】

"大雪小雪、煮饭不息"，"年味儿"渐渐浓烈起来。

【养生】

合理保暖

"风前暖雪后寒"，积雪在融化时会吸收大量的热，使得气温更低。在此时紧闭门窗，病菌就会安安稳稳地繁殖。所以应定时将窗户打开通风。

多饮利尿

气温低，出汗与饮水量都会减少。身体的组织与细胞急需水分，所以每天要注意补水。

【民俗】

腌制食物

在南京，有"小雪腌菜，大雪腌肉"的习俗。所有人家都会开始以极大的喜悦进行"咸货"的腌制工作。

冬至

江山之小草
霜雪见孤松

随着皑皑白雪覆盖大地，东北风也越发凛冽起来。与地面上的一片洁白相反，天空中的光芒则是越来越暗淡了。

在先民们看来，给予他们温暖、驱散恐怖黑夜、使得万物生长的太阳是他们最值得崇敬与爱护的国王与朋友。而现在，这个伟大的保护者却失去了往日的威力，变得如此无精打采、怠惰而虚弱——那样子，与生了疾病或垂垂老矣的人类又有什么区别呢？所以毫无疑问，伟大的太阳生病了，或者是垂老了。它的火焰暗淡下去，正如生病或垂老之人的生命之火暗淡下去一样。

先民们于是为太阳的虚弱而忧惧、悲哀。他们除了眼睁睁看着太阳一天天衰弱之外，毫无办法。但同时，他们又有一个希望——太阳这个伟大的、有着无双神力的神灵，一定可以复活的。如同在惊蛰之日"死而复生"的蛙、蛇与熊一般，如同不断死去而又复活的月亮一般，伟大的太阳不是每一天都会在落日时沉入地府，而在第二天又自地府中升腾而出焕发新生么？

现在天气已经越发的严寒，山林中的走兽已经销声匿迹，田野里的作物已经枯萎凋零。这一切都是因为太阳虚弱老去的缘故。如果它真的就此一病不起，那么人类……以至于整个世界，也就会从此跌落漆黑冰冷的阴间之中，永远无法再度迎接光明了吧。

终于，太阳死去之日到来了。这一天，太阳最后挣扎着从地下升起，它歪斜着，发出凄惨而不祥的昏弱光线，然后立刻再度跌进地府之中。就此，太阳"死"了。最长的黑夜笼罩大地，彻骨的寒风呼啸着，似乎在宣告黑暗的得胜。

这一天，意味着"冬"这个有着静默与死亡的意味的季节，已经彻底到来。

【物候】

"一候蚯蚓结；二候麋角解；三候水泉动。"冬至之时，太阳沉沦，阴气最盛，土中的蚯蚓自然蜷缩起身体。逐渐增长的阳气使得麋阴性的犄角逐渐减退。由于阳气初生，所以此时山中的泉水可以流动并且变得温热了。这时，农村的井里往往会冒出热气——这并非是发现了温泉，而是率先回暖的地下水相对于尚较寒冷的外部空气来说温度较高的结果。

【农谚】

◇冬至晴，正月雨；冬至雨，正月晴。

◇冬至冷，春节暖；冬至暖，春节冷。

◇冬至不冷，夏至不热。

◇冬至暖，烤火到小满。

◇冬至西北风，来年干一春。

◇冬至月头，买被卖牛；冬至月中，日风夜风；冬至月尾，买牛卖被。

◇干净冬至邋遢年，邋遢冬至干净年。

◇冬至雨，除夕晴；冬至晴，除夕地泥泞。

◇冬至有霜，腊雪有望。冬至无霜，石臼无糠。

【农事】

冬至时节是农闲时期，人们主要是在进行各种保养和准备，以待春季的播种。

【饮食】

饺子

　　华北地区在冬至时必须吃饺子。传说冬至之后的严寒往往会冻掉人的耳朵，因此必须紧紧咬住类似耳朵的饺子，方可保证肢体健全。

狗肉羊肉

　　冬至时人体虚弱，需要摄取肉类进补。

红豆米饭

　　在江南，有冬至吃红豆米饭的习俗。

【民俗】

祭天

冬至之日是太阳死而复生的重要时日，为让太阳复活而举行的隆重的祈祷仪式，以祭天的形式确立下来。皇帝要率先斋戒沐浴，然后在冬至之日率领群臣百官、亲王贵胄一同前往祭坛。整个仪式礼乐齐鸣，燔烤猪、牛、羊三牲的香烟与皇帝对上天的祈祷词一起升上天空，祈愿新的一年风调雨顺、国泰民安。

祭祖

有祖庙的宗族在冬至会带领全体家族成员前往祖庙祭拜先祖。而没有祖庙的一般人家也会在这时为先祖扫墓，或焚化纸钱、纸衣以供先祖过冬。

九九消寒图

九九消寒图

团坐家中，静待寒冬的过去时，涂九九消寒图是个打发时间的好方法。它通常是一幅双钩描红书法，用以记录时间。

【养生】

静养

冬至时节万物衰退，人的身体也精力不济，应该安心静养。

食补

"秋冬养阴""养肾防寒"，以滋阴潜阳、增加热量为主。

小寒

顽冰犟雪劝旧年
金樽烈酒暖轻寒

在古人那对自然界充满浪漫想象的神话里，北方与寒冷、冬季是同为一体的。那里是极夜之地，永恒的黑暗与风雪笼罩于斯。

如果大地上的生物永不会死亡，那么一切都将在拥挤与虚耗中停滞，化作一片混沌。正如如果太阳永远都处于春秋那般的平衡，大地将处于令人昏昏欲睡的无力之中；如果太阳永远都处于盛夏那般的热烈，大地将被蒸发走所有的养分。所以，这世界需要冬天，需要死亡——可是没有人愿意承认这一点。

因为，这就是自然。一如永无止境的四季循环，任由无数生命自发芽而璀璨，自落叶而凋零。

冬至的漫漫长夜已经过去，太阳逐渐恢复了活力。但是这冰封的世界想要重获温暖，还要在冰天雪地中慢慢地等待。温度还在持续降低着，似乎要将一切都永远地冰封在这个寒冷的日子里。但是，这已经是黎明前的黑暗，新生的希望已经在地下孕育成长。

1月5～7日交节

【物候】

"一候雁北乡；二候鹊始巢；三候雉鸲。"最为遵守时令的大雁，在小寒时开始准备北上回乡了。大雁们顶风冒雪地向着北方飞翔，当它们到达北方老家时，也正是春暖花开的时候了。喜鹊会开始筑巢，为孕育新生命做准备。雉鸡开始有了交配的欲望，它们会雌雄相互鸣叫，在林海雪原之间总能听到它们求偶的啼鸣。

【农谚】

◇小寒大寒不下雪，小暑大暑田开裂。

◇小寒不寒，清明泥潭。

◇小寒大寒寒得透，来年春天天暖和。

◇小寒大寒，冻成一团。

◇小寒大寒，准备过年。

◇腊七腊八，冻裂脚丫。

◇小寒节，十五天，七八天处三九天。

【农事】

小寒时应注意防范低温灾害。低温灾害可以分为冻害、寒害、冷害三类。冻害基本发生在北方温带；寒害主要发生在热带、亚热带地区一些气温突降的年份；冷害全国各地都可能发生。冻害主要对越冬作物产生威胁；寒害发生在热带、亚热带地区，主要影响橡胶、龙眼、荔枝等；冷害只有喜温作物才会受害，如水稻、玉米、豆类等。

【饮食】

吃菜饭

南京格外重视小寒，会在这一天吃菜饭。菜饭是青菜、肉片与糯米饭一起煮制而成的食品。

【养生】

注意保暖

人遇到寒冷就容易导致气血停滞，"血遇寒则凝"。低温使得人体循环凝滞不畅，故而心脏病和高血压患者应做好保暖工作。"冬天动一动，少闹一场病；冬天懒一懒，多喝药一碗"。

食物进补

以温热性质的食物进补，能让人获得更好的御寒能力，充满力气。这类食物主要有鳟鱼、辣椒、肉桂、花椒等。

【民俗】

疙瘩汤

　　和疙瘩汤的面，看起来容易，做起来难。和好的疙瘩，干净利索，粒粒在目，绝不能拖泥带水。如果和不好疙瘩汤用的面，可将饺子面捻成疙瘩。

大寒

清日无光辉

烈风正号怒

　　大地一片封冻，天空死气沉沉。但是，欢喜的锣鼓、红火的对联以及沸反盈天的爆竹声宣召着一个事实：中华的儿女们，并没有向这最酷烈的寒冷屈服。而生命，就要在这最最寒冷的死寂中，孕育再生。

　　经历了繁忙的春、炎热的夏、萧瑟的秋，最后，这将大地与河流全都冻结，令飞鸟走兽全部退避的寒冷之冬终于也到了尽头。一年的辛勤、苦难、哀伤，都没有将我们击倒。我们奋力地活着，享受着生命的快乐，又一次战胜了层出不穷的挑战。故而我们庆祝，将一年中所积攒下来的所有美食、美酒与美好的祝福都在这一年的末尾献祭给天地间的众神，也献祭给我们本身。

　　太阳轮转着，落下又升起。气候变化着，一节又一节。周而复始的循环，仅仅只会是回到原点么？不，不是的。我们都清楚在这二十四个节气的轮回之中，我们得到了什么，又失去了什么。喜悦与感动，悲哀与伤痛，永远会刻印在时间的轮盘上。我们无需去铭记，它们本已不朽。

　　所以，不必吝啬这一年所积累的财富，因为来年将会有更美好的获得。不必执着这一年所遭受的创伤，因为它们已经被年关的门槛所阻拦，永远地留在了过去。这令天寒地冻的冷风，就是冬之神灵给予人们的最后的祝福与命令——奔向前方，奔向新的春天，奔向又一个周而复始但截然不同的轮回。

【物候】

　　"一候鸡乳；二候征鸟厉疾；三候水泽腹坚。"母鸡就会开始孵蛋，准备孵出小鸡。鹰隼等征鸟猛禽进入了绝佳的战斗状态，因为这时候秋季储存的食物和能量都已经基本消耗完毕，加之气候寒冷，它们必须捕获足够多的食物才能保持自身的热量。这时大地的寒气积累到了极限，水面的冰层最为坚固厚实。在东北等地区，冰面甚至可以承载卡车通行。

【农谚】

◇大寒小寒，无风自寒。
◇大寒不寒，春分不暖。
◇大寒大寒，无风也寒。
◇大寒不寒，人马不安。
◇大寒猪屯湿，三月谷芽烂。

◇冬至在月头，大寒年夜交。
◇冬至在月中，天寒也无霜。
◇冬至在月尾，大寒正二月。
◇过了大寒，又是一年。

【农事】

　　"大寒日怕南风起，当天最忌下雨时"，如果大寒时刮起温暖的南风，则表示气候异常，来年的作物会歉收，应提前做好灭虫、抗旱的准备。

【饮食】

腊八粥

"腊七腊八，冻死寒鸦"。腊月初八，腊八粥根据地方不同做法也是千差万别，在此就仅宽泛地谈谈其用料、做法和食用方法。腊八粥中的果料可选用京糕、橘饼、瓜条、青梅、葡萄干、蜜枣、苹果脯、桃脯、杏脯、太平果脯、梨脯、青红丝（用陈皮炮制色染而成）等，也可选用椰枣。粥果，除了曹雪芹先生在《红楼梦》中叙述的："一红枣，二栗子，三落花生，四菱角，五香芋"之外，尚有银杏（白果）、鸡头米（芡实）、淮山药、老窝瓜、番薯（白薯）、荸荠等。粥米有：粳米、江米、胭脂米、紫米、大麦米、莜麦仁（裸燕麦）、荞麦仁、薏苡仁、芝麻仁、小米、黄米（黍子）、高粱米、秫子（黏高粱米）、棒子糁等。粥豆有：芸豆、绿豆、黑豆及鹰嘴豆等。

【养生】

冬季已经接近尾声，人体的新陈代谢也几乎是处于最为缓慢的时期。加之春节时要忙碌的事情很多，容易导致阳气外泄，损害身体。故不应过于执着操劳，切勿急躁、大喜大悲。

【民俗】

过年

　　大寒一到，年关将至。在京畿地区，流传着这么一条顺口溜："二十三，糖瓜儿粘；二十四，扫房日；二十五，炸豆腐；二十六，炖锅肉；二十七，杀只鸡；二十八，把面发；二十九，蒸馒首；三十晚上熬一宿。大年初一去拜年，您新禧，您多礼，一把白面不揍你。"

图书在版编目（CIP）数据

跟着二十四节气过日子/周墨涵，文甬编著. — 北京：农村读物出版社，2019.1（2020.1 重印）

ISBN 978-7-5048-5791-0

Ⅰ.①跟… Ⅱ.①周… ②文… Ⅲ.①二十四节气 –基本知识 Ⅳ.①P462

中国版本图书馆CIP数据核字（2018）第 284195 号

责任编辑　刘宁波　吕　睿

出　　版　农村读物出版社（北京市朝阳区农展馆北路2号　100125）

发　　行　新华书店北京发行所

印　　刷　北京通州皇家印刷厂

开　　本　787mm×1092mm　1/16

印　　张　9.25

字　　数　150千

版　　次　2019 年 1 月第 1 版　　2020 年 1 月北京第 5 次印刷

定　　价　28.00 元

（凡本版图书出现印刷、装订错误，请向出版社发行部调换）